空天科学与工程系列教材·空天推进

液体火箭发动机健康监控

吴建军　程玉强　杨述明　编著

科学出版社

北京

内 容 简 介

本书是作者在液体火箭发动机健康监控领域十多年研究成果的系统总结。在总结分析该领域国内外研究现状和发展趋势的基础上，本书着重介绍了作者在这一方向的研究成果，主要包括：基于统计分析的发动机故障检测算法、基于神经网络的发动机故障检测算法、基于模糊理论的发动机故障检测与诊断算法、液体火箭发动机实时故障检测系统设计与实现等。

本书算法理论与应用实践并重，不仅可为从事液体火箭发动机结构设计、健康监控与故障诊断、容错控制等方向的科研人员、工程应用单位的技术人员提供有益参考，而且也可作为高等院校相关专业博士和硕士研究生的教材。

图书在版编目 (CIP) 数据

液体火箭发动机健康监控/吴建军，程玉强，杨述明编著. —北京：科学出版社，2021.1
　（空天科学与工程系列教材·空天推进）
ISBN 978-7-03-066751-9

Ⅰ. ①液… Ⅱ. ①吴…②程…③杨… Ⅲ. ①液体推进火箭发动机-监控系统-教材 Ⅳ. ①V434

中国版本图书馆 CIP 数据核字 (2020) 第 218263 号

责任编辑：潘斯斯　张丽花　高慧元／责任校对：王　瑞
责任印制：张　伟／封面设计：迷底书装

科学出版社 出版
北京东黄城根北街 16 号
邮政编码：100717
http://www.sciencep.com

北京盛通商印快线网络科技有限公司 印刷
科学出版社发行　各地新华书店经销

*

2021 年 1 月第 一 版　开本：787×1092　1/16
2021 年 1 月第一次印刷　印张：12 1/2
字数：320 000

定价：108.00 元
（如有印装质量问题，我社负责调换）

序

自古以来，人类就一直梦想能够像鸟儿一样自由飞行。无论是嫦娥奔月还是敦煌飞天，都代表了人们对于天空的这种向往。人类也从来没有停止过对飞行的追求和探索。莱特兄弟在1903年实现了人类大气层内的第一次有动力飞行，开启了航空时代新纪元。也就在这一年，齐奥尔科夫斯基建立了火箭和航天飞行理论。1911年他说出了这样一段名言："地球是人类的摇篮，但是人类决不会永远停留在摇篮里。为了追求光明和探索空间，开始会小心翼翼地飞出大气层，然后再征服太阳周围的整个空间……"。1926年戈达德成功进行了第一枚液体火箭发射试验。他有一句名言："过去的梦想，今日的希望，明天的现实"。人类从此进入航天时代。第一架螺旋桨飞机，第一个民用航班，第一架超声速飞机，第一颗人造卫星，第一艘载人飞船，第一次踏上月球表面……短短一百年来，人类飞行史超越了一个又一个里程碑。时至今日，航空航天技术对人类社会的影响已经拓展到交通、通信、气象、军事乃至日常生活等各个方面，其作用无疑是巨大而且广泛的。

空天发展，动力先行。作为空天飞行器的"心脏"，航空航天发动机技术的突破一直是推动空天活动不断超越发展的重要驱动力。活塞式发动机直接催生了飞机，喷气式发动机推进飞机突破声障，火箭发动机技术的成熟使得人类的宇宙航行和空间探索成为现实。目前已经成为国际热点的超燃冲压发动机，可以实现两小时全球到达，有望把人类带入高超声速时代……社会不断进步，文明不断发展，人类的飞行梦想不断延伸，为空天推进技术的发展提供了源源不断的牵引力，也寄托了更热切的期盼。

我国的航空航天事业，伴随着共和国的成长，从无到有，从弱到强，见证了中华民族伟大复兴的历史进程。航空航天事业的发展过程，也正是空天推进技术不断取得突破的过程。一代又一代空天推进领域的专家和技术人员，殚精竭虑，栉风沐雨，付出了辛勤的劳动，做出了巨大的贡献，也收获了沉甸甸的希望。从 WP 系列涡喷发动机、WS系列涡扇发动机，到 YF 系列液体火箭发动机、FG 系列固体火箭发动机等各类航空航天发动机，累累硕果无不凝结着空天推进人的执着追求和艰苦奋斗。

国防科技大学空天科学学院源自哈尔滨军事工程学院的导弹工程系，成立以来一直专注航空航天领域的人才培养和科学研究工作，六十余年来为我国航空航天领域管理部门、科研院所、工厂企业等单位培养了大批优秀的科技、管理等各类人才，发挥了重要作用，形成了被传为美谈的"人才森林"现象。空天科学学院的校友们也一直是我国空天推进事业的骨干力量。

最近，教育部公布了"双一流"建设高校及建设学科名单，国防科技大学进入了"一流大学"名单，空天科学学院主建的航空宇航科学与技术学科进入"一流学科"名单。

习近平在党的十九大报告明确提出"加快一流大学和一流学科建设，实现高等教育内涵式发展"，指明了高等学校的办学方向。建设世界一流学科，涉及多个方面的内容，最重要的是两个方面：高质量的人才培养和高水平的科学研究。高质量的人才培养可以说是高等学校的立身之本，是最重要的使命。高水平的教学活动是培养高质量人才的基础性工作，包括课堂教学、实践教学、创新活动指导等多个方面，因此应是建设一流学科重点关注的工作之一。高质量的人才培养，不但对学科声誉具有长期的支撑作用，而且为科学研究提供宝贵的创新人才支持。同时，高水平的科学研究对于人才培养也有着非常重要的支撑作用。十九大报告指出，建设创新型国家，"要瞄准世界科技前沿，强化基础研究，实现前瞻性基础研究、引领性原创成果重大突破。"可见，新时代高等学校的科学研究要更注重提升品质，提高层次，不但要为我国原始创新、引领性成果做出更大贡献，而且要为建设世界一流学科奠定坚实基础。

国防科技大学有一个很好的办学传统，就是依照"中国航天之父"钱学森同志提出的"按学科设系""理工结合，落实到工"的传统。这实际上就是以学科建设为主线，将人才培养与科学研究紧密结合，教研相长，相得益彰，形成良性循环。实践证明，这是一条成功之路。

空天科学学院按照这个思路开展学科建设，其中，编著出版高水平教材和专著是他们采用的行之有效的方法之一。这样，既能及时总结升华科学研究的成果，又能形成高水平的知识载体，为高质量人才培养提供坚实支撑。早在 20 世纪 90 年代，学院老师们便出版了《液体火箭发动机控制与动态特性理论》《变推力液体火箭发动机及其控制技术》《液体火箭发动机喷雾燃烧的理论、模型及应用》《高超声速空气动力学》等十几部教材，至今仍被本领域高等学校和研究院所作为常用参考书。

现在，在总结凝炼长期人才培养心得和前沿科研成果基础上，他们又规划组织编著"空天推进"系列教材。这不但延续了学院的优良传统，也是建设世界一流学科的前瞻性举措，恰逢其时，承前启后，非常必要。这套新规划的"空天推进"系列教材，有几个鲜明的特点。一是层次衔接紧密，二是学科优势突出，三是内容系统丰富。整个系列按照热工基础理论、推进技术基础、发动机应用技术和学科前沿等几个层次规划，既突出火箭推进方向的传统优势，又拓展到冲压推进新优势方向；既注重理论基础，又强调分析设计应用，覆盖面宽，匹配合理，并统筹考虑了本科生和研究生的培养需要。总体来说，涵盖了空天推进领域较为系统的知识，体现了优势学科专业特色，反映了空天推进领域的发展趋势。这不但对有志于在空天推进领域深造的青年学子大有帮助，而且对从事空天推进领域研究与应用的科技人员，也大有裨益。这个系列教材的出版，对我国空天推进人才的培养和先进空天推进技术的发展，必将起到积极的促进作用。

习近平在我国首个"中国航天日"之际指出："探索浩瀚宇宙，发展航天事业，建设航天强国，是我们不懈追求的航天梦"，强调要坚持创新驱动发展，勇攀科技高峰，谱写中国航天事业新篇章。前辈们的不懈努力已经推动我国航空航天事业取得了世人瞩目的巨大进步，空天事业的持续发展还需要后来人继续加油。空天推进是推动航空航天事业飞跃的核心技术所在，需要大批掌握坚实理论基础和富于创新精神的优秀人才持续拼搏、长期奋斗。我坚信，只要空天推进工作者矢志争先图强，坚持追求卓越，我们就一定能够不断实现新的跨越，不辜负新时代对空天推进人的殷切期待！

中国科学院院士　龙乐豪

2017 年 10 月

前　　言

液体火箭发动机是运载火箭的动力装置和关键组成部分。然而，极致的工作条件（高温、高压、强腐蚀、高密度能量释放）常使其成为运载火箭中故障的敏感多发部位，而且其故障的发生和发展具有快速与破坏性极大等特点。因此，为有效提高航天发射活动的可靠性与安全性，保护发动机地面试车和飞行过程中人员和设备财产的安全，避免危险性或灾难性事故的发生，迫切需要深入开展液体火箭发动机健康监控技术研究。

液体火箭发动机健康监控技术基于测量得到的流量、温度、压力、转速、加速度等信号，利用所建立的数学模型、规则、网络结构等知识，并结合信号处理、模型计算、智能推理等方法，对发动机可能发生的运行故障进行检测、隔离与诊断，为发动机地面试车和飞行过程中故障的实时判断与控制以及试后和飞行后的故障分析与工作状态评价提供科学合理的决策依据。近年来，先进测试技术、计算机技术、自动控制理论与技术、非线性科学、信号处理、人工智能、可靠性理论与工程、统计分析处理等学科技术的不断发展及其在故障检测与诊断中的应用，为液体火箭发动机健康监控提供了坚实的理论和技术应用基础。

国防科技大学空天科学学院是国内最早开展液体火箭发动机健康监控技术研究的单位之一，本书正是反映了作者多年来在该领域的研究成果。全书共 10 章。第 1 章详细介绍了健康监控的基本概念和内涵，并对国内外研究现状和发展趋势进行了分析综述。第 2 章主要介绍与发动机健康监控相关的基础知识，包括发动机组成结构与工作过程、发动机故障模式与特征分析以及发动机故障机理分析的动力学基础。第 3 章以统计信号分析理论为基础，介绍发动机故障检测的自适应阈值算法和自适应相关算法，以及包络线算法。第 4 章以神经网络理论为基础，研究建立了发动机基于 BP 和 RBF 神经网络结构的模型辨识与故障检测方法。第 5 章基于 T-S 模糊模型和自适应神经模糊推理系统，建立了发动机启动和稳态工作过程的模糊辨识模型，并以此为基础，研究发展了基于模糊模型的发动机故障检测与隔离方法。第 6 章主要介绍液氧甲烷发动机液体管路、气体管路基于自适应阈值算法的故障检测与诊断方法。第 7 章主要介绍基于模糊聚类与神经网络的发动机故障检测与隔离方法。第 8 章首先介绍了基于粗糙集的发动机故障检测参数选取方法，然后研究并提出了基于云理论和粒子群的传感器优化方法。第 9 章设计了液氧煤油发动机实时故障检测系统，进行检测与诊断方法验证与考核。第 10 章主要介绍液体火箭发动机飞行前综合性能测试技术、飞行过程中实时状态分析技术及飞行后内窥无损结构检测技术。

特别感谢国际宇航科学院院士、国防科技大学原校长陈启智教授多年来的悉心培养和指导；感谢国防科技大学原校长张育林教授在液体火箭发动机健康监控领域所做的开创性工作，以及长期以来对作者在该领域的研究给予的高度关注和精心指导。感谢硕士生刘育玮、崔孟瑜、戚元杰在本书格式编排和内容校对等方面付出的辛勤劳动。感谢国家自然科学基金委员会对相关研究工作的资助；感谢国防科技大学学术专著出版专项资金对本书出版给予的大力支持。

　　本书内容涉及的范围较广，由于作者水平有限，书中难免存在疏漏之处，恳请读者批评指正。

作　者

2020 年 6 月

目　　录

第1章 绪 论

1.1 引 言

液体火箭发动机是航天运输系统的主要动力装置和关键组成部分，其技术的先进程度是衡量一个国家空间技术水平的重要标志之一。特别是近年来随着我国航天活动的日益增多和载人航天、探月工程、空间实验室等重大航天活动的开展，对液体火箭发动机性能要求进一步提高，发动机的结构和工作过程也随之进一步复杂化。

大型液体火箭发动机是由许多不同独立动态环节彼此交叉耦合构成的复杂热流体动力系统，试验研究费用高、时间长，而且高温、高压、强腐蚀、高密度能量释放等极致恶劣的工作条件，致使发动机成为整个航天运输系统中故障的敏感多发部位，且其故障的发生和发展具有快速与破坏性极大等特点。例如，美国曾对其发射的上千枚中远程导弹及运载火箭所发生的故障进行了统计，其中由发动机系统故障造成的飞行失败案例约占22%，如图1-1所示。以航天飞机主发动机(Space Shuttle Main Engine, SSME)等7种泵压式发动机为例，其在试验和飞行过程中，就出现了84379次故障。火箭发动机一旦发生故障，轻则影响发动机的工作性能，重则导致空间任务失败甚至危及航天员的生命，造成难以估计的损失。2006年7月26日，一枚由俄制RS-20重型洲际弹道导弹改造的运载火箭搭载18颗卫星在哈萨克斯坦境内贝康诺太空中心发射，升空不久后便因发动机故障而坠毁。2010年12月25日，搭载印度国产GSAT-5P卫星的GSLV-F06运载火箭，由于第一级发动机出现严重技术故障，在发射升空后不到1min即开始冒烟并偏离轨道，大约19min后，这枚火箭在空中猛烈爆炸，星箭俱毁。2011年8月24日，搭载"进步M-12M"货运飞船的"联盟-U"火箭在升空不久后便发生爆炸，后经调查，发现是火箭第三极的动力设备发生故障。2011年12月23日，俄罗斯发射的搭载"子午线"通信卫星的"联盟-2.1B"火箭，由于第三级火箭发动机出现故障，未能进入预定轨道。2013年7月2日，在拜科努尔发射场发射的俄"质子M/DM3"运载火箭在点火17s后，一级助推器突然进入故障模式并关闭，导致箭上载有的600吨有毒燃料(偏二甲肼)泄漏，引起当地大面积环境污染。2014年5月22日，在美国斯坦尼斯航天中心进行试验的AJ-26型液氧煤油发动机，点火30s后出现故障，造成发动机大范围损坏，试验被迫停止。2014年10月28日，美国沃罗普斯飞行中心发射"心宿二"号运载火箭时，由于火箭发动机出现故障，在点火起飞6s后坠落在发射场，火箭搭载的"天鹅座"货运飞船损失惨重。2015年5月16日，搭载墨西哥通信卫星的俄罗斯"质子-M"运载火箭在发射升空500s后，火箭第三级发动机故障导致火箭坠毁。2015年6月28日，计划向国际空间站运送大量物资的"龙"飞船，由美国SpaceX公司研制的"猎鹰9"号运载火箭从佛罗里达州卡纳维拉尔角空军基地发射升空，但仅在飞船发射升空数分钟后，由于火箭发动机故障导致其在空中爆炸。"猎鹰 9 号"的另一次发射事故是在 2012 年 10 月 7 日，也是由于火箭一台发动机故障，其搭载的一颗 OG2 原型通信卫星未能到达预定轨道。

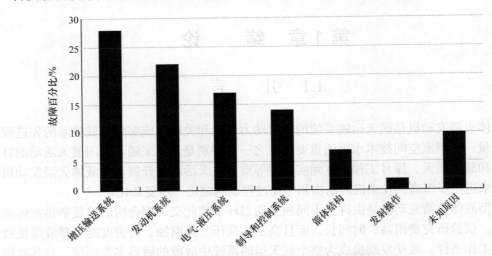

图 1-1　美国导弹、火箭发射失败各系统故障所占百分比

表 1-1 给出了 2012 年以前世界主要国家和地区的发射记录。从表中可以看出，航天大国(如俄罗斯、美国、中国)虽然发射火箭的次数很多，但失败的次数也不少，成功率最高也仅有 96.1%，比较低的是印度和以色列，成功率仅有 60%～70%。

表 1-1　2012 年以前世界主要国家和地区发射记录

序号	国家和地区	发射次数	失败次数	成功率/%
1	俄罗斯	1262	49	96.1
2	美国	513	35	93.2
3	欧盟	164	11	93.3
4	中国	124	6	95.2
5	日本	50	5	90
6	印度	19	6	68.4
7	以色列	6	2	66.7
8	韩国	1	1	0
9	朝鲜	3	3	0

由此可见，开展大型液体火箭发动机健康监控技术的研究，具有十分重要的学术意义和工程应用价值，通过对发动机地面试车和实际飞行过程中健康状态的全面监控，可有效提高发动机可靠性与安全性，避免危险性或灾难性事故的发生，保护人员、设备和财产的安全。

1.2　健康监控概念与内涵

提高液体火箭发动机的可靠性和安全性，除了应立足于研制过程中对组件和整机可靠性的严格控制、监测和试验验证外，在实际使用中还很大程度地依赖于健康监控技术的发展。

液体火箭发动机健康监控是有效提高运载火箭和航天发射活动可靠性、安全性的重要技术手段，其研究的主要目的是通过对发动机可能出现的运行故障进行检测、识别、定位和评估，为发动机地面试车和飞行过程中故障的实时判断与控制以及试后和飞行后的故障分析与工作状态评价，提供科学合理的决策依据。

1.2.1　健康监控系统

液体火箭发动机健康监控系统以液体火箭发动机为研究对象，主要包括故障检测系统、故障诊断系统、故障控制系统等三个方面内容，如图 1-2 所示。故障检测是指利用由传感器测量得到的反映发动机当前工作状态的测量数据，经特征提取后对发动机是否工作正常做出可靠的判断。故障诊断是在故障检测的基础上，根据已有的异常状态信息对故障的类型、程度、部位做出判断，确定故障发生的时间、分离故障模式以及估计故障发生的程度。故障控制则是通过采取控制发动机系统参数、故障报警、紧急关机、启动冗余备份等措施，从而保证系统的安全性或将由故障引起的损失降到最低程度。

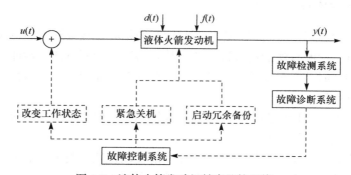

图 1-2　液体火箭发动机健康监控系统

故障检测系统只对发动机故障进行报警和预测提示，是故障诊断系统和故障控制系统的前提；故障诊断系统根据故障检测结果，对发动机故障进行诊断，是故障控制系统的输入和前提；故障控制系统可以是一个自动化设备，也可以是有人参与的控制过程。在有人参与的情况下，故障诊断系统只对故障部位、类型进行判断，而具体采用何种应急措施由人再加以判断后决定。在自动化的情况下，故障控制系统闭环在线地根据故障诊断系统的输出对发动机进行控制，以限制故障的发展或抑制故障的危害。显然，故障诊断系统是健康监控系统的最重要环节，也是最难实现的环节，因为只有在故障诊断系统及时准确地对故障进行诊断的条件下，健康监控系统才能达到提高发动机系统可靠性和安全性的目的。

1.2.2　故障诊断系统构成

故障诊断系统在功能上应包括故障隔离、故障识别和故障评估等环节，如图 1-3 所示。故障隔离环节对故障部件和故障位置进行诊断；故障识别环节对故障类别(故障模式)和故障程度进行诊断；故障评估环节对故障发展趋势、故障危害等进行预估和预测，从而为故障控制决策提供依据。

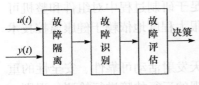

图 1-3　故障诊断系统功能图

对于液体火箭发动机故障诊断，故障隔离和故障识别互相关联、互为补充，但故障隔离和故障识别中的故障类别较容易诊断，故障程度还需要材料特性、试验等支撑。故障评估与特定发动机的专门经验和知识联系在一起，较难利用一般故障诊断方法进行研究，因此，本书所讨论的故障诊断问题和故障诊断方法，主要集中在故障隔离和故障识别方法研究上。

故障诊断系统在构成上包括计算机硬件和软件系统。计算机硬件本身应满足一定的可靠性要求。对于特殊应用场合，如将计算机应用于空间飞行器发射和飞行中的推进系统故障诊断，则硬件必须满足体积、重量及适应恶劣工作环境的要求。如果对计算机硬件的可靠性有特别要求，也可以采用双机及多机冗余备份，当然这会使故障诊断系统的成本及软件和硬件复杂性增加。故障诊断系统的软件实际上就是故障诊断算法，当然还应包括必要的数据预处理和管理功能。

1.2.3　故障检测与诊断算法性能

故障检测与诊断算法是实现故障检测与诊断的核心，故障检测与诊断的成功，主要取决于故障检测与诊断算法的有效性。衡量故障检测与诊断算法的性能指标主要包括检测率、及时性和实时性、早期故障的敏感性、误诊率和漏诊率、鲁棒性（Robustness）、可行性以及可靠性等。

检测率：检测率指检测到故障的可能性或概率，一般要求对发动机工作过程所发生的故障以及模拟故障数据做到 100% 的检测率。

及时性和实时性：动态系统尤其是液体火箭发动机某些类型的故障，通常会在极短时间(数秒钟)内造成严重后果并导致任务失败，所以必须对这类故障进行及时检测，才能有效发挥故障检测与诊断技术的安全性效应。同时故障检测与诊断技术还应具备对诊断对象的工作状态和故障特性等进行实时在线计算和分析的能力。

早期故障的敏感性：该性能指标对于液体火箭发动机来说同样十分重要，因为发动机故障的发生和发展大都非常迅速，只有在故障的早期及时发现，才有利于后续故障控制策略的实施。

误诊率和漏诊率：误诊率和漏诊率是衡量故障检测与诊断技术的重要性能指标。误诊将导致不应该的任务终止，造成不可弥补的经济损失、社会影响。在具有冗余备份的系统中，误诊将导致冗余备份的不必要切换，从而使系统失去宝贵的应急能力。即使最小的误诊率也将对系统正常运行产生不必要的干扰，从而导致用户对故障检测与诊断技术失去信心，因而误诊是最不能被接受的诊断错误。最理想的情况是要求误诊率和漏诊率都最小，但实际应用中这通常很难实现，而且误诊率和漏诊率以及及时性和敏感性等在一定程度上是相互矛盾的。因此，这就需要合适的诊断策略在误诊率和漏诊率、及时性以及对早期故障的敏感性等之间进行折中，并根据任务要求和实际可能性来具体确定误诊率和漏诊率。

鲁棒性：发动机结构和工作过程具有复杂性，使得无论用经验的方法还是解析的方法对其进行描述，都必然存在着不精确之处。这些不精确是由模型的不准确、线性化处理以及外界干扰等造成的不确定性引起的。此外，还存在着由经验认识的局限性所造成的未知类型故障的影响。因此，在不确定性因素影响时，仍能有效保持故障检测与诊断技术性能不变的鲁棒性至关重要。一般要求其应该具有对参数不确定性、非线性不确定性、干扰和噪声以及对故障类型的鲁棒性。

可行性：可行性与发动机系统的复杂性、运行环境以及故障检测与诊断所采用的软硬件技术水平密切相关。例如，由于各种因素的限制，液体火箭发动机监测参数极其有限，而这将导致有些诊断方法无法实现。

可靠性：一般要求发动机故障检测与诊断系统的可靠性不能低于发动机本身的可靠性。

总之，由于发动机工作过程与环境的复杂性以及各种故障检测与诊断方法性能的局限性，对于液体火箭发动机这样复杂的机械-流体-热动力系统，要完全解决发动机的故障诊断问题是不现实的。因此，必须对其诊断任务、诊断性能指标和各种故障检测与诊断方法进行综合分析，提出恰当的诊断策略，并不断优化诊断系统的性能。而这一切都建立在对液体火箭发动机故障检测与诊断技术深入研究的基础之上。

1.3　液体火箭发动机健康监控技术国内外研究现状分析

液体火箭发动机健康监控技术是伴随着航天领域需求的推动而逐步发展起来的，其起源于 1967 年美国执行阿波罗登月计划时出现的一系列严重设备故障。之后，美国海军研究实验室在美国国家航空航天局(National Aeronautics and Space Administration，NASA)倡导下，进行了一系列研究开发工作。

健康监控技术的研究主要包括故障检测与诊断理论方法的研究、健康监控系统的研制和基于先进测量传感器的发动机健康监控技术研究等方面。

1.3.1　液体火箭发动机故障检测与诊断理论方法

液体火箭发动机健康监控技术的核心和基础是故障检测与诊断的相关理论及方法。根据故障检测与诊断算法所使用的信息类型，下面按照基于模型驱动的方法、基于数据驱动的方法和基于人工智能的方法三种类型分别进行相关研究评述。

1. 基于模型驱动的方法

基于模型驱动的故障检测与诊断方法主要包括基于解析模型的方法和基于定性模型

的方法。

1)基于解析模型的方法

基于解析模型的故障检测与诊断方法的原理是：首先，根据系统运行的内在规律，以解析方程的形式表示系统的输入、状态和输出之间的关系，从而建立系统的数学模型；其次，根据数学模型的输出与系统的实际测量信息进行比较生成残差，并对所生成的残差信息进行分析和处理，从而实现故障的检测与诊断。根据其所建立模型的不同，基于解析模型的方法可分为基于静态模型的方法和基于动态模型的方法。

在基于系统结构的静态模型中，Rockwell 公司针对 SSME 开发了功率平衡模型（Power Balance Model, PBM）。基于该模型，Rocketdyne 公司导出了用于检测 SSME 启动与稳态过程故障的影响系数方法。NASA Lewis 研究中心对该模型进行了简化，并针对25 种工况建立了相应的线性化模型，实现了主阀与传感器故障的检测与分离。Boeing-Canoga Park 公司同样基于功率平衡模型，开发了线性发动机模型（Linear Engine Model, LEM）用于 SSME 的异常检测和诊断。此外，Kolcio 等建立了 SSME 高压氧涡轮泵系统的通用数学模型，能够模拟 SSME 的正常运行状态，并可以对转速不平衡、泄漏和阻塞等异常状态做出响应，适用于发动机的控制和状态监控。

国内在基于静态模型的故障检测与诊断方法方面也开展了一些研究工作。例如，朱恒伟针对 YF-75 发动机，建立了其线性和非线性静态模型，并对氧化剂泵效率下降等故障诊断问题进行了仿真研究；刘昆等针对分级燃烧循环液体火箭发动机系统，建立了管路系统的网络模型和有限元模型、涡轮泵流体动力学模型和燃烧室分区模型等，并进行了仿真研究，为液体火箭发动机的设计、研制及其故障检测与诊断提供了有价值的参考。此外，有学者研究了灰色系统模型（Grey System Model, GM）方法，并且，为解决传统的模型驱动方法在处理含有不确定参数时的建模精度问题，在液体火箭发动机故障诊断中引入了模态区间法。模拟仿真和试车数据验证结果表明，上述故障检测与诊断方法均具有较好的准确性和可靠性。

基于动态模型的方法主要包括状态估计、参数估计等方法。状态估计方法利用状态观测器（或卡尔曼滤波器）估计发动机的状态，再基于估计量与实际测量信号所生成的残差进行故障检测。针对 YF-20 发动机的燃料、氧化剂泵气蚀等 5 种故障，有学者提出了基于状态估计的方法。2000 年，Koutsoukos 等针对低温推进系统，提出了一种基于粒子滤波器的混杂系统状态监测和故障诊断方法。2002 年，有学者针对液体火箭发动机泄漏故障，利用强跟踪滤波器估计流体的阻尼系数，以实现故障检测。

参数估计是指利用系统输入和输出的可测量值对系统参数进行辨识，并根据参数的统计特性来检测故障。例如，有学者针对 SSME，基于非线性递归的方法建立了启动过程和稳态过程主燃烧室压力的输入-输出模型，并利用多个传感器的数据检测其故障。还有学者针对 YF-75 发动机，利用反向传播（BP）神经网络，研究了氧化剂泵出口压力等 12 路参数的启动和稳态过程的非线性辨识问题。此外，有学者提出了一种通用数据缩减（Generalized Data Reduction, GDR）的数学建模方法，实现了对发动机监测参数的估计，并对 MC-1 发动机的运行数据进行了验证。结果表明，该方法能够有效识别微小故障源，并具有抗传感器数据丢失的鲁棒性。

　　基于解析模型的故障检测与诊断方法在理论上是完备的，但其诊断结果的准确性直接依赖于所建立的解析模型与实际系统的相符程度。对于系统结构和工作过程简单、输入输出关系明确的小型系统而言，基于解析模型的故障检测与诊断方法是一种不错的选择。然而，对于发动机尤其是新一代大推力液体火箭发动机而言，由于其是一个机械-流动-燃烧等过程强耦合的复杂非线性系统，不仅关键部件多，相互紧密耦合，而且大都处于高温、高压、强振动的极致工作环境，并需经历多次启动、转工况、主级运行与关机的大范围变工况工作过程。因此，建立合理精确的数学模型本身就是一个困难的问题，另外，所建立的解析模型是否适用于基于模型的故障检测与诊断是另外一个问题。例如，对于状态估计方法，由于发动机系统结构工况复杂，故障模式较多，要实现对发动机故障的准确诊断，就需要对每种故障模式和不同工况都设计相应的高阶状态观测器，这样就会使得整个诊断系统很复杂，用于实时在线检测与诊断显然是很难满足要求的。对于参数估计方法而言，发动机有限的输入输出测量参数，使得很难准确估计出众多与故障相关的结构与性能参数，有时甚至使得求解无法进行。因此，在液体发动机故障检测与诊断研究中，基于模型的方法需要与其他方法结合采用。

　　2) 基于定性模型的方法

　　基于定性模型的方法的原理是：首先，根据系统组成元件之间的连接（或参数间的依赖关系）建立诊断系统的结构、行为或功能上的定性模型；然后，通过将系统定性模型预期行为与系统实际行为进行比较获取异常征兆；最后，利用定性推理技术，对导致异常征兆出现的故障源进行搜索求解。

　　20 世纪 90 年代末，NASA Ames 研究中心和喷气推进实验室 (Jet Propulsion Laboratory, JPL)，开发出了基于 Livingstone 内核的诊断与重构引擎，并首先在"深空一号"上得到应用。Livingstone 使用了系统组件连接模型 (Component Connection Model)、转换模型 (Transition Model) 和行为模型 (Behavioral Model) 等三类模型。同时，其诊断引擎包括一个候选状态管理器 (Candidate State Manager)，用于在给定系统指令和观测的条件下，对一组最可能的候选状态进行追踪。当追踪结果与观测不一致时，使用验证和约束设计来识别冲突。该诊断引擎的一个重要特点是，冲突识别和候选状态追踪都是随着时间不断进行的。此后，在 Livingstone 的改进版本 Livingstone2 中，其诊断引擎则采用了 Kurien 研究提出的诊断推理思路，通过将具有相同概率的故障诊断问题进行优化求解，其计算复杂性随时间增长很慢甚至不增长。Livingstone2 目前在运载器推进系统综合健康管理技术试验 (Propulsion IVHM Technology Experiment，PITEX) 系统中经过了试验，并用于 X-34 可重复使用运载器推进系统的健康监控。

　　此外，有学者研究提出了一种基于定性模型的混合诊断引擎 (Hybrid Diagnosis Engine, HyDE)，其在部件级和系统级使用多模型范例，同时在不同步骤的诊断推理过程中有多个可供选择的算法。HyDE 是可扩展的，其不仅可以增加模型范例，而且可以对于现有的模型和新的模型范例增加诊断推理算法。HyDE 目前已成功应用于火星环境的自动钻探计划 (Drilling Automation for Mars Environment，DAME)、先进诊断和预兆测试平台 (Advanced Diagnostic and Prognostic Test-bed，ADPTP) 和自动登陆演示计划 (Autonomous Lander Demonstrator Project，ALDP)。有学者研究了一种基于定性模型方法的航天器执行器 Titan，其使用一次学习的形式进行冲突控制，可以迅速剪除不可实行的解。这种方法在 NASA 的"深空一号"探测器系统中得到了验证。其中，基于模型的规划可应用于离散连续混合系统以及遥控车网络的协调。2002 年，刘洪刚进行了 SDG 模型与深浅规则知识结合的液体火箭发动机故障诊断研究。2013 年，晏政针对航天器推进系统，研究并发展了基于 SDG 模型的定性诊断方法，并分别针对 DFH 卫星推进系统和 SZ 推进舱推进子系统求得了最终的潜在故障集，其能够实现对所有可能故障源的覆盖。

　　基于定性模型的方法具有计算简单、快速等特点，但其诊断求解过程中通常会产生除真实解以外的大量虚假行为，即故障诊断的准确性不高。为此，近年来很多学者针对集成定性和定量知识的故障诊断方法进行了大量研究。而事实上，在许多情况下，系统的确是有可用的定量知识的。例如，1995 年，黄卫东建立了液体火箭发动机系统集成定量信息的 SDG 模型，用于故障诊断，取得了较好的效果。2013 年，晏政建立了航天器推进系统定性定量集成的故障诊断方法，包括建立了附带时间信息以及包含组件节点间的影响关系的 SDG 模型，发展了相应的故障诊断策略，并将其应用于神舟推进系统故障诊断中。结果表明，该方法能有效提高故障诊断的分辨率，并唯一确定故障源。

2. 基于数据驱动的方法

　　基于数据驱动的方法主要是根据系统的输出与故障之间的联系，对发动机的测量输出信号进行分析处理来判断故障是否存在及故障发生的位置。基于数据驱动的方法主要包括统计分析、主成分分析、独立分量分析、小波分析和羽流光谱分析等。

　　统计分析方法是根据大量的数据样本进行统计分析，以得出发动机或其部件状态统计意义上的规律，从而确定出参数的阈值，实现故障检测的目的。一般而言，统计分析方法包括固定阈值和自适应阈值两种方法。

　　固定阈值方法是工程上最简便、最快捷，也是最常用的一种基于发动机输出信号的故障检测方法。SSME 早期的红线关机系统（Redline Cut-off System, RCS）、异常与故障检测系统和飞行加速度计安全关机系统，以及目前的先进实时振动监控系统都是采用固定阈值的故障检测方法。同时，在检测发动机启动与稳态过程的故障、涡轮泵的故障时，同样采用了固定阈值的方法。固定阈值方法具有简单、直观和实时性强等特点，但是，对于不同台次发动机、发动机的不同工况以及启动、变工况和关机等不同工作过程，该方法都需要对检测参数的阈值进行人为事先设定，而难以根据发动机的实际工作情况进行自动调整。因此，为了减小误报警率，固定阈值算法的阈值一般都设置得较宽，但这同时也会增加故障的漏报警率。针对上述问题，有学者研究提出了自适应阈值算法（Adaptive Threshold Algorithm, ATA）。该算法的优势在于采用递推方法自适应地计算参数的均值、方差和阈值，从而提高了算法的故障检测能力。此外，为了避免对每个参数都计算阈值，并考虑参数之间的相关关系，有学者还提出了自适应相关安全带（Adaptive Correlative Safety Band, ACSB）算法。在此基础上，朱恒伟等提出了自适应相关算法（Adaptive Correlation Algorithm, ACA）及其简化形式自适应加权和平方算法（Adaptive Weighted Sum Square Algorithm, AWSSA）。谢廷峰则对自适应阈值算法进行多方面的改进，研究提出了改进的自适应阈值算法，并在某型液氢液氧发动机的稳态工作过程中进行了应用。有学者提出了涡轮泵实时故障检测的短数据均值自适应阈值算法，但该算法对涡轮泵脉冲型故障的敏感性不高。

其他基于数据驱动的方法主要包括最小邻域方法、支持向量机方法、聚类方法和主成分分析方法等。对此，有学者归纳总结了 4 种基于数据驱动的故障检测与诊断方法：Orca、GritBot、归纳监控系统(Inductive Monitoring System，IMS)和一阶支持向量机(a first-order Support Vector Machine，SVM)。其中，Orca 使用最近邻域的方法，将远离数据空间中最近相邻点的数据点定义为异常点；GritBot 方法则通过从训练数据学习规则，然后将违反这些规则的数据点归类为异常点；归纳监控系统先对训练数据进行聚类，然后使用到最近聚类的距离作为异常的测度；一阶支持向量机则将数据视作高维空间中的点，并通过定义一个超平面对数据进行划分，其中大多数正常点位于超平面的一侧，而将位于超平面另一侧的点归类为异常。结合 SSME 历史数据和 NASA Stennis Space Center 火箭发动机试验台实验数据的检测诊断结果表明，上述 4 种方法可以对其中的 9 种故障进行准确检测与诊断。还有学者则将 IMS 应用于航天飞机左翼在泡沫材料遭受撞击之后的数据分析，其可以根据温度传感器数据，更快地检测到异常。

相对基于高维非线性模型进行求解的数学模型方法而言，基于数据驱动的故障检测与诊断方法计算量较小、实时性较好，因而在发动机的实时故障检测中得到了一定的应用。然而，该方法对测量数据的质量要求很高。一般而言，当发动机正样本(故障状态数据)和负样本(正常状态数据)达到 3∶7 左右的比例时，基于数据驱动的故障检测与诊断方法能够较好地利用数据所隐含的信息和分布规律，其结果也具有较高的准确性和置信度。然而，发动机由于结构和工作过程的复杂性，不仅类型不同，其结构和工况也不同，故障表现形式各异，而且即使是同一类型的发动机，其故障模式也会由于输入条件的微小变化发生漂移或完全不同，由此测量得到的发动机试车数据基本都是正负样本比例严重失衡的病态分布。因此，在不可能获得发动机全部故障模式特征、缺乏充分数据样本的情况下，基于数据驱动的发动机故障检测与诊断方法，目前更多地集中在发动机稳态工作过程的故障检测和报警方面，尚很难实现对液体火箭发动机故障的准确隔离和定位。

3. 基于人工智能的方法

基于人工智能的方法主要包括专家系统、神经网络和模糊理论等方法。

1)专家系统

基于专家系统的液体火箭发动机故障诊断方法首先通过在故障检测与诊断专家系统的知识库中，存储故障征兆、故障模式和故障原因等知识；然后推理机在一定的推理机制下，运用知识进行诊断推理。该方法不依赖于发动机的数学模型，可以有效地利用专家的经验和发动机知识，通过推理过程完成发动机的故障检测和诊断，而且具有对故障的解释能力。

Rocketdyne 公司最早进行了 SSME 数据分析专家系统的研究，并研究开发了涡轮泵专家系统和发射前专家系统(Prelaunch Expert System, PLES)。目前已研究开发出的发动机故障检测与诊断专家系统主要有：Aerojet 公司研制的基于规则的 Titan 健康评估专家系统(Titan Health Assessment Expert System, THAES)，用于 Titan 第一级发动机验收试验和例行的数据分析，并以图形解释数据；LeRC 开发的试车后数据自动评估系统(Automated Post-Test Data Review System, APTDRS)，用于为 SSME 地面试车和飞行试验监测数据的事后分析与评估提供一个完整、通用的自动化系统，以协助检测数据评估专家确认试验目标是否达到、试验过程中是否存在异常以及试验是否失败等；MSFC 联合阿拉巴马大学开发的发动机数据解释系统(Engine Data Interpretation System, EDIS)，用于对 SSME 试车数据的事后分析。该系统主要是通过建立发动机及其部件的定性约束模型，以及将部件的状态定性化为正、负偏离于正常状态，然后对所观察到的故障状态用定性或基于模型的推理方法搜索合理的解释。

此外，田纳西州立大学研制了 SSME 故障诊断专家系统(Expert System for Fault Diagnosis, ESFD)；LeRC、MSFC 和 Rocketdyne 公司等联合研制了试车后故障诊断系统(Post-Test Diagnostic System, PTDS)，用于 SSME 试车后的数据分析与故障诊断；Gensym 公司开发了 G2 实时专家系统用于诊断 SSME 高压氧化剂涡轮泵的密封泄漏故障；刘冰等以某氢氧发动机为研究对象，利用 CLIPS(C Language Integrated Production System)开发工具，开发了一种故障诊断专家系统原型；有学者提出了实用性和自主性较强的 SSME 维修与监视专家系统；还有学者研究开发了一种小推力发动机的故障诊断专家系统。

对于发动机故障诊断专家系统，理想的知识库和知识表达形式应能完善和精确地表达发动机的诊断知识。目前基于专家系统的液体火箭发动机故障诊断方法主要存在以下不足：诊断知识获取困难、系统自学习能力不强、故障检测与诊断的实时性差、运行效率低、一般只能在发动机工作前准备或关机后分析的情况下离线使用等。

2)神经网络

神经网络具有自组织自学习能力，能克服传统的以启发式规则为基础的专家系统不能正确处理新型故障信息或现象的问题，因而在故障检测与诊断领域具有较好的应用前景。神经网络用于液体火箭发动机故障检测与诊断的主要方面有以下几点。

(1)基于无教师学习的神经网络采用聚类方式进行发动机故障检测。由于神经网络具有自组织自学习能力，神经网络故障检测方法无须液体火箭发动机系统的结构知识，只需传感器测量信号，便可自行抽取发动机故障行为特征。

(2)基于发动机测量信号与神经网络估计信号比较得到的残差信号，实现对液体火箭发动机的故障检测。

(3)利用神经网络的自学习能力，将已有的发动机故障样本输入神经网络进行学习，调整神经网络的权值，建立故障模式与特征参数向量的对应关系，然后对新的输入样本进行相似性度量，得到发动机故障分离结果。

目前，应用于液体火箭发动机故障检测与诊断的神经网络方法，主要有前向多层感知神经网络、自组织神经网络、神经模糊网络、动态神经网络和混合神经网络等。

2000 年，有学者研究了主成分分析和 Kohonen 网络相结合的液体火箭发动机泄漏故障检测方法。2001 年，有学者建立了火箭发动机非线性动态径向基函数(Radial Basis Function，RBF)神经网络模型。2003 年，有学者研究了涡轮泵并行 BP 神经网络的故障诊断方法。2005 年，有学者应用 BP 神经网络检测了液体火箭发动机的泄漏故障；提取了某型液体火箭发动机涡轮泵的频段能量比特征，并利用自组织映射(Self Organized

Mapping, SOM)网络对涡轮泵的健康状态进行了判别。2008 年, 谢廷峰等研究了 BP 神经网络以及 RBF 神经网络在某型液氢液氧火箭发动机启动和稳态工作过程故障检测中的应用, 并使用大量的历史试车以及地面热试车数据进行考核与验证。2012 年, 黄强将云理论和神经网络相结合, 提出了液体火箭发动机工作全过程基于云-神经网络的实时故障检测方法, 并将该方法应用于高压补燃循环发动机稳态工作过程多种工况的故障检测, 得到了良好的结果。2017 年, 聂侥通过基于权值更新的过程神经网络算法和自适应系数更新, 解决了增量问题, 提高了对液体火箭发动机故障预测的及时性和有效性。

神经网络方法由于具有较强的容错能力, 在某些信息丢失的情况下(如部分传感器失效)仍可做出正确的诊断。这对于提高液体火箭发动机故障检测与诊断的可靠性而言, 显得尤为重要。但是, 该方法应用于故障诊断时, 过分依赖于从历史数据中提取的典型模式或经验知识。

3)模糊理论

液体火箭发动机故障诊断过程中, 存在着各种不确定性, 主要包括各种干扰和噪声、测量误差、数学模型以及诊断知识描述的不精确等。而基于模糊理论的液体火箭发动机故障诊断方法在处理系统复杂性及不确定性方面具有优势, 因而受到极大的关注。模糊理论在故障诊断方面也得到了较为广泛的应用研究。基于模糊理论的故障诊断首先应用于小规模线性单变量系统, 随后逐步向大规模、非线性复杂系统扩展。目前, 该理论已在机械、化工、输电网络和航空航天等领域都得到了成功的应用。

基于模糊理论的液体火箭发动机故障诊断方法主要有基于模糊聚类的方法、基于模糊模型的方法以及模糊理论与其他方法的结合。

(1)基于模糊聚类的方法。

聚类是指将一个数据点集合中的各元素, 以某种相似程度作为度量指标, 分别指定不同的类别标号。模糊聚类的典型方法有模糊 C-均值聚类(Fuzzy C-means clustering, FCM)。FCM 是用隶属度来确定每个数据点属于某个聚类程度的一种聚类算法, 由 Bezdek 于 1981 年提出。FCM 是将 n 个数据向量分为 C 个模糊类, 求得每组的聚类中心, 并以相似性指标为目标函数, 使之达到最小。FCM 与普通分类的区别就在于 FCM 用模糊划分, 使得每个给定数据点用一个在[0,1]区间的隶属函数来确定其属于各个类的程度。也就是说, 某一个数据点属于某个类的程度值可以从 0 到 1 逐渐过渡, 而不像以前那样要么是 0 要么是 1。隶属度矩阵 U 的元素在[0,1]上取值, 与引入的模糊划分相对应。一般而言, 一个优化的模糊划分应具有尽可能大的类间分离度和尽可能小的类内紧致度。

有学者研究了模糊模式识别技术在液体火箭发动机故障诊断中的应用, 其使用最大隶属度原则的模糊聚类方法识别火箭发动机故障模式。有学者提出了一种基于改进型可能性 C-均值聚类和故障向量理论的故障诊断方法, 可以实现对在线检测中出现的未知类型故障的诊断。此外, 谢涛等研究了一种基于模糊熵与方向相似度的液体火箭发动机故障检测方法, 通过试车数据模糊聚类中心矢量方向相似度的变化来检测发动机系统的故障, 并采用基于广义模糊熵的模糊 Kohonen 聚类网络(FKCN)作为滑动数据窗口上的聚类算法, 从而提高了故障检测算法对强干扰噪声的鲁棒性。

(2) 基于模糊模型的方法。

基于模糊模型的方法，其基本思想是：将研究对象看成一个黑箱，使用其历史数据或其他知识，建立一个模糊辨识模型来模拟对象的系统输入输出关系，再将模型输出与实际系统输出相比较，以实现故障的检测与诊断。

Mamdani 在 1976 年提出了一种语言工具来建立一个系统的模糊模型。他提出从直观的理解和可得到的信号来获取 if-then 规则，并用 if-then 规则形式的条款来模拟系统行为。Takagi 和 Sugeno 在 1985 年则提出用数学工具建立系统的模糊模型，称为 T-S 模糊模型，其对现实过程的模拟精度高于 Mamdani 模型。尽管相比于人类主观上的语言条款规则，T-S 模糊模型的直观性下降，但其优势同样也很明显，主要包括：对于非线性系统，T-S 模糊模型可以在运行状态点附近建立一个线性模型，局部逼近目标系统；在不同的系统运行区间，通过对运行状态点定义不同的前提集，可以使 T-S 模糊模型能够全区间逼近目标系统。对此，Wang 于 1992 年首次给出了万能逼近定理，证明了 T-S 模糊模型能够以任意精度逼近紧集上的连续实值函数。

T-S 模糊模型推理系统一般使用乘积推理机、单值模糊化、中心平均解模糊化和高斯隶属度函数的方式来构造，其能够以任意精度模拟一个确定的系统。在此基础上，有学者将基于 T-S 模糊模型的故障诊断方法应用于航空发动机，以判定某涡扇发动机的健康状况。有学者深入研究了 T-S 模糊模型的鲁棒稳定性以及可靠控制问题，研究了几类模糊模型的稳定性及鲁棒可靠控制问题。同时，模糊聚类对于模糊建模也有帮助。例如，有学者研究了一种新的基于模糊聚类快速建立知识模型的故障诊断方法，并将模糊聚类结合故障诊断模型，用于粗糙数据建模。

(3) 模糊理论与其他方法的结合。

基于模糊理论的方法易于利用专家的经验和知识，适用于难以建立精确数学模型的系统，而神经网络方法具有学习能力强等特点，并在知识的获取、规则的学习以及模型的修正方面具有优势。因此，将模糊方法与神经网络、专家系统等方法相结合，可以发挥各种方法的优势，从而更有效地实现液体火箭发动机的故障检测与诊断。

有学者将神经网络与模糊模型的方法结合起来，通过将神经网络的输入、输出和权值定义为模糊集，而模糊规则集则以神经网络的方式组合起来，从而可通过使用神经网络的方法提高模糊模型学习、自适应和并行的能力。有学者研究了自适应神经模糊推理系统(Adaptive Neuro-Fuzzy Inference System，ANFIS)方法，其能够根据输入输出数据自适应的训练模糊模型参数，因而适用于复杂大系统的模糊建模。此外，黄敏超等研究了用模糊集表示火箭发动机故障模式的神经网络分类器，应用于泵压式液体火箭发动机故障检测与分离。在模糊理论与专家系统、支持向量机等方法的结合方面，有学者应用模糊数学为故障诊断专家系统建立诊断矩阵、确立故障征兆与故障成因间的隶属关系，最后建立了火箭发动机的故障诊断专家系统。有学者将模糊理论与支持向量机结合，提出基于模糊支持向量机(Fuzzy Support Vector Machine，FSVM)的故障诊断方法，并对四种典型的转子故障进行了模拟与诊断。2015 年，李吉成研究了发动机剩余子系统基于模糊聚类与神经网络的建模方法，充分利用了聚类算法与神经网络算法的优点，进一步提高了建模的精度，并依据所建模型，结合试车数据验证了基于该模型的故障隔离方法。

综合前面的分析可知，基于数据驱动的方法和基于人工智能的方法本质上都是不直接利用研究对象的数学模型，而是在一定程度上将研究对象作为一个黑箱来处理。这两种方法的优点在于计算的简单性和对专家经验知识等表示的直观性，但其强烈地依赖于数据信息和经验知识，而且对于超出专家系统规则库或数据统计规律的未知故障类型或模式，容易出现误检或误诊。

液体火箭发动机是一种复杂的流体–机械–热动力系统，从控制角度来看，其可视为一种复杂的高阶非线性复杂动态系统。目前，基于一般动态系统开发实现的各类故障检测与诊断方法很难直接应用于这类复杂系统。近年来，随着先进的信号测量技术、计算机技术、自动控制理论与技术、非线性科学、人工智能技术等的不断发展及其在故障诊断领域中的应用，故障诊断技术已从简单向复杂、从低级向高级、从单一向综合的集成化、智能化方向发展。因此，综合利用发动机的各种信息和知识(包括数据、模型、语言、符号、图形和图像等)，针对不同类型方法的优点和缺陷，将其综合集成应用，并基于恰当的决策机制给出故障检测与诊断的结果，实现取长补短，是对液体火箭发动机这样的复杂系统进行有效故障诊断的关键，也是液体火箭发动机故障诊断技术的发展趋势。

1.3.2 液体火箭发动机健康监控系统

液体火箭发动机健康监控的目的是研制出健康监控系统并成功应用于工程实际。从液体火箭发动机健康监控技术诞生至今，世界主要航天国家都高度重视液体火箭发动机健康监控系统的研究和开发。事实上，健康监控系统已成为研制新型发动机和改进现有推进系统不可缺少的关键组成部分。

1. 国外研究现状

20 世纪 70 年代以来，为了降低 SSME 等液体火箭发动机故障的影响，提高航天飞行的可靠性与安全性，NASA 每年都增加了在健康监控科研与项目管理财政预算方面的投入，并相继研制了多个发动机健康监控系统。近年来，在集成空间运输计划(Integrated Space Transportation Plan，ISTP)的指导下，NASA 也正在深入开展先进健康监控技术的研究和系统的研制。如 2001 年，美国 NASA "空间发射计划"就对运载器健康监控系统和长寿命运载火箭结构等关键技术领域进行了大量投资，以降低火箭发射的成本和危险性。同时，健康监控和综合健康管理系统也被列为可重复使用运载器(Reusble Launch Vehicle，RLV)技术试验平台和 X-33 等演示验证计划的关键技术进行重点研究。

此外，苏联针对 RD-170、RD-120、RD-0120 等大型液体火箭发动机于 20 世纪 80 年代开发了技术诊断系统(Technology Diagnostic System, TDS)；俄罗斯针对 RD-170 液体火箭发动机研制了健康监测和寿命评估与预测系统；德国在 20 世纪 90 年代开发了基于模式识别的专家诊断系统，用来对液体火箭发动机进行故障诊断；欧洲航天局在提出的未来运载火箭技术方案(Future Launcher Technology Project, FLTP)中，将发动机的健康监控列为重要研究项目；日本在 H-2 液体火箭发动机的健康监控方面加大了研究力度。

美国在这方面的投入和取得的成绩尤为显著。图 1-4 给出了美国进行液体火箭发动机健康监控系统研究的发展历程。从图 1-4 中可以明显看出，其发展历程可以概括为"三个阶段，一条主线"。

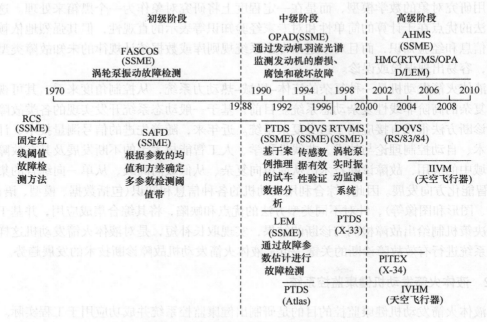

图 1-4　美国健康监控系统发展历程

发动机健康监控系统发展的"三个阶段"分别为初级阶段、中级阶段、高级阶段。

(1) 初级阶段。发动机健康系统发展的初级阶段始于 20 世纪 70 年代初美国对 Atlas、Titan 等一次性使用发动机进行的关键参数上下限控制，开创了健康监控技术在液体火箭发动机领域的应用先例。其中又以研制成功的 SSME 工作参数红线阈值检测与报警系统为代表。但该类系统方法相对较为简单(使用固定的红线阈值方法)，功能也比较单一(只具有故障检测功能)。

(2) 中级阶段。发动机健康系统发展的中级阶段以对上一阶段系统功能的提升和工程实用化、方法性能的改进为目标。其代表是 20 世纪 80 年代中期研制的用于 SSME 地面试车监控的 SAFD(System of Anomaly and Fault Detection)系统。该系统显著加强了红线阈值监控的检测能力。同时期研制的飞行加速度计安全关机系统(Flight Accelerometer Safety Cutoff System，FASCOS)、发动机数据解释系统(Engine Data Interpretation System，EDIS)、试车后诊断系统(Post Test Diagnostic System，PTDS)、推进系统数据自动筛选 (Automated Propulsion Data Screening，APDS) 系统、实时振动监测系统(Real Time Vibration Monitoring System，RTVMS)、自动数据约简/特征提取(Automated Data Reduction /Feature Extraction，ADR/FE)系统等。

(3) 高级阶段。在空间发射计划(Space Launch Initiative，SLI)和 ISTP 指导下，美国相继开展了多个先进健康监控或健康管理系统的研究和开发，包括健康监控系统(Health Monitoring System，HMS)、火箭发动机健康管理系统(Health Management System for Rocket Engine，HMSRE)、集成健康监控(Integrated Health Monitoring，IHM)、智能控制系统(Intelligent Control System，ICS)、智能集成管理(Intelligent Integrated Vehicle

Management，IIVM）系统等多种系统框架或方案。此外，还包括美国 Gensym 公司多年来发展和不断持续改进的火箭发动机实时诊断系统开发平台 G2 等。

　　贯穿液体火箭发动机健康监控系统发展过程的"一条主线"是：集成化、平台化、工程实用化。液体火箭发动机健康监控系统的工程实用化毋庸置疑。健康监控系统研制的最终目的就是将其应用到发动机的研制、试验和实际运行中，发挥其提高发动机可靠性和安全性的最大作用。液体火箭发动机健康监控系统的集成化则主要包含了三个层次的含义。第一个层次为功能的集成，包括集成故障检测与隔离、故障预测与预报、寿命估计、维修计划等诸多功能，使发动机健康监控的内涵和功能进一步扩展，从单一的监控向综合健康管理迈进。第二个层次为方法的集成，包括集成基于规则、基于统计、基于模型等方法，提高系统检测与诊断的能力。第三个层次为专用传感测量与诊断技术的集成，如识别 SSME 轴承和燃烧室等关键结构部件故障的羽流光谱技术、监测涡轮叶片温度分布及其健康情况的光学高温测量技术等。

　　下面以美国为例，结合其典型健康监控系统对有关平台化的问题进行分析。

　　1）RCS

　　20 世纪 70 年代研制的 RCS 系统是液体火箭发动机健康监控系统的应用先例。其能对 SSME 高压涡轮泵的五个参数（高压燃料涡轮泵出口温度、高压氧化剂涡轮泵出口温度、高压燃料涡轮泵冷却剂入口温度、高压氧化剂涡轮泵介质密封吹除压力、高压氧化剂涡轮泵二级涡轮密封压力）的红线值进行实时监控，且无须数学模型，计算量小。但该系统对传感器的要求较高，不能及时准确检测发动机工作过程中的早期故障和缓变故障，故障覆盖面有限，鲁棒性差，可靠性较低。

　　2）SAFD

　　20 世纪 80 年代末期研制的 SAFD 系统是早期发动机健康监控系统的典型代表，其先进的设计理念和思想一直为后续先进健康监控系统的研制所借鉴。该系统的最大特点是初步体现了健康监控系统集成化和平台化的设计思想。基于将硬件、软件平台和算法操作平台有效区分的系统架构设计，系统的扩展性、移植性和可用性都得到了很大程度的增强。其中软件平台主要完成对所有算法通用的功能，包括输入/输出、标定、时序安排、记录、显示和用户接口等。算法操作平台则有效集成了多种算法实现并行运行，并采用冗余设计和表决报警技术，提高了故障检测能力。这样，一方面系统底层的任意改动都对上层透明，另一方面系统无须进行软件或硬件的改动就可以进行算法的升级或应用新的算法。但该系统仅适用于 SSME 稳态工作过程，故障的覆盖率、敏感度和鲁棒性仍较低。

　　3）PTDS

　　20 世纪 90 年代初期研制的应用于 SSME 高压氧化剂涡轮泵试车后故障诊断的 PTDS 系统、1994 年研制的应用于 Atlas/Centaur 中的 PTDS 系统和 1998～2001 年研制的应用于 X-33 主推进系统的 PTDS 系统，是液体火箭发动机健康监控系统首个基于集成化和平台化的思想实现系列化的重要代表。在集成化方面，一方面，该系统集成了多种数据分析和传感器验证与重构方法，用于对发动机试车后的大量实验数据进行分析，以确定发动机的运行状态。另一方面，该系统通过提供与众多信息源的标准接口，有效集成数据处理和分析过程中所需要的大量数据信息和知识，自动完成发动机试验后及飞行后的状态检测与诊断。在平台化方面,该系统基于模块化的分解设计思想,将系统四大功能模块(智能化知识系统、应用支持模块、部件级分析模块、对话/信息管理模块)的各子模块都分解为核心通用模块+特定发动机专用模块的组合,而且核心通用模块可被继承和复用。因而,该系统具有较强的通用性和扩展性,不仅可有效实现功能模块的积木拼搭式组合和系统的快速组建,而且实现了与具体发动机对象的松耦合。

4) ICS

20 世纪 90 年代初期以来,LeRC 根据 SSME 多年的试验和使用经验所研制的 ICS 系统实现了两个方面的集成。在系统功能方面,ICS 系统实现了发动机多变量基本控制(推力、混合比、涡轮泵转速、高压涡轮燃气温度、高压泵进口压力)同故障检测和诊断的有机集成。系统不仅可以完成发动机的故障检测、诊断和基本控制功能,还可以预测发动机的寿命,给出维修计划建议。在算法方面,ICS 系统结合了基于模型和基于规则的故障检测与诊断算法。但由于难以建立完善的发动机诊断模型和控制规则库,因而该系统目前只能对故障模式、故障检测与诊断算法和闭环多变量控制等进行仿真研究。

5) HMS

HMS 系统由联合技术研究中心(UTRC)研制。该系统是液体火箭发动机健康监控系统集成化、平台化和工程实用化思想的真正集大成者。在平台化方面,系统采用了层次化和模块化的架构设计。通过将系统功能结构划分为三个层次、六大模块,实现层与层之间以及层内各模块之间的松耦合和可组合性,HMS 系统是一个适应性和可扩展性都很强的健康监控系统平台,能快速有效地适应 SSME 结构的更改。系统的三个层次包括底层传感器信息处理、中间层故障检测与诊断算法和顶层综合决策,六大功能模块分别为系统任务管理、健康监控、试验数据记录、离线数据分析、数据库管理和系统通信。在集成化方面,HMS 系统在功能结构各个层次均实现了与传感器技术和故障检测算法的有机综合。在底层,该系统有效集成了先进测量传感器技术(包括羽流光谱仪、声发射传感器、光纤挠度计、光纤高温计、激光振动传感器等),及时详细地获取发动机涡轮泵、轴承等关键部件的健康状态信息,有效检测识别腐蚀、涡轮叶片与轴承磨损和泄漏等故障。在中间层,该系统首先综合运用非线性回归、时间序列和聚类分析等多重故障检测算法,对传感器输入信号进行计算;然后对各种算法的结果进行交叉检查验证,综合评定发动机特定部件的健康情况。在顶层,该系统则通过组合各部件的状态来确定发动机的整体健康状态,并做出是否关机的融合决策,降低误报警率。在工程实用化方面,该系统在研制之初就制定了详细的工程应用计划,计划 5 年内将该系统应用于地面试验,随后过渡到飞行系统。

6) AHMS

先进健康管理系统(Advanced Health Management System, AHMS)于 2004 年由波音-加州诺加帕克公司(Boeing-Canoga Park, BCP)联合 MSFC 研制。该系统基于开放式结构设计的箭载健康管理计算机(Health Management Computer, HMC)集成了实时振动监控 RTVMS、光学羽流异常检测(Optical Plume Anomaly Detection, OPAD)和基于线性发动机模型(Linear Engine Model, LEM)的三个实时故障检测子系统,有效提高了 SSME 发射和升空阶段的可靠性和安全性。

　　AHMS 系统不仅可以通过振动信号实时监测高压涡轮泵的状态，而且可以通过调节发动机燃料和氧化剂的流量大小和混合比实现对发动机工作状态的控制，灵活性和可扩展性强。研究表明，针对 Block Ⅱ 型 SSME 所研制开发的先进健康管理系统，可以有效降低航天飞机的升空损失概率并提高航天任务的成功概率，其在降低航天飞机升空损失概率方面的效果甚至优于型号本身改进的效果，如图 1-5 所示。

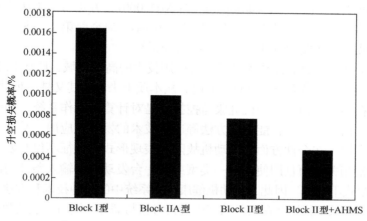

图 1-5　AHMS 系统对航天运载器升空损失的影响

　　AHMS 系统中箭载健康管理计算机功能结构如图 1-6 所示。

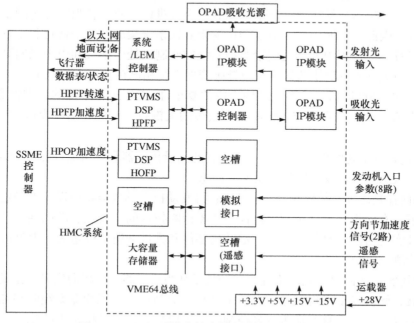

图 1-6　AHMS 系统中健康管理计算机的功能框图

2. 国内研究现状

　　我国也十分重视液体火箭发动机健康监控系统的研究。中国航天科技集团运载火箭研究院成功研制了某载人运载火箭的健康监控与故障诊断系统，并可以对航天员的逃逸救生进行自主决策。20 世纪 90 年代末期，杨尔辅等研制了我国某氢氧发动机地面试验时的状态监控与故障诊断工程应用系统(Engineering Application System for Condition Monitoring and Fault Diagnosis, CMFDS)。2002 年，于潇等研制了某型液体火箭发动机的涡轮泵状态监测与故障诊断系统(Condition Monitoring and Fault Diagnosing System of Liquid Propellant Rocket Engine Turbopump, TCMD2000)，并进行了 1 次该发动机的半试车过程现场实验考核。中国航天科技集团有限公司第六研究院第十一研究所和第一六五研究所研制了液氧煤油发动机地面试车红线监控系统。

　　液体火箭发动机健康监控技术既是工程应用技术的高端领域，具有实时性、准确性、可靠性要求高、应用环境复杂等特点；同时，从本质上来说，其又是一种共性+个性的综合应用技术。在共性方面，发动机健康监控技术是对计算机操作系统、网络协议、数据库、数据采集、信号处理、智能诊断方法等通用技术的发展和应用，其并不能脱离相关技术的发展而发展。在个性方面，发动机故障的表现形式和特征不仅与发动机的类型、结构、工况紧密相关，而且即使是同一类型或同一台发动机，输入条件的微小变化，都会使得其故障模式不重复。因此，发动机健康监控系统中的各种技术和方法必须充分利用具体发动机的历次试车数据并在实际试车中进行考核与磨炼。同时，包括数据采集、数据处理等一些共性技术，本身也需要随着具体发动机实际试车条件的不同进行实际的调整。

　　总的来说，目前国内发动机健康监控技术的研究在共性方面的考虑尚存在一定的不足，从而导致健康监控系统的研制更多的是基于一种封闭、紧耦合的架构。这种架构不仅难以适应发动机本身结构设计技术的发展，而且难以有效整合吸收先进测量、检测等技术的成果。因此，按照液体火箭发动机健康监控系统集成化、平台化和工程实用化的发展阶段来看，目前国内发动机健康监控系统的研制尚处于中级和由中级向高级转变的过渡阶段，与国外先进健康监控系统或健康管理系统相比存在一定的差距。

　　综合上述分析可以看出，系统结构组成的复杂性、工作运行条件的恶劣性和极致性，使得液体火箭发动机健康监控系统尚具有很多的关键技术和瓶颈需要突破，主要包括以下几点。

　　(1)如何合理优化配置和选择发动机现有的测量传感器和健康监控参数，实现对发动机正常工作状态与故障发展历程的快速全面感知。

　　(2)如何在缺乏充足故障样本、不可能获得发动机全部故障特征以及不确定性普遍存在的情况下，有效提高发动机健康监控与故障诊断技术的实时性、准确性、及时性和鲁棒性，以及实现对涡轮泵等发动机关键结构部件和推进剂泄漏等重大、典型故障模式的快速准确检测与定位。

　　(3)如何实现液体火箭发动机健康监控技术从事后、离线分析向实时、在线工程实际应用的发展，解决发动机现有工作过程中其状态的判定主要依赖专家经验和红线关机系统，误检率高，以及现有发动机故障控制技术手段缺乏，发动机发生故障后只能依靠程序控制策略实施紧急关机或自毁等难题。

　　(4)如何在实际应用前，解决不完全依赖于发动机地面热试车，对健康监控与故障诊断的各种技术、方法和系统进行实时验证考核的难题等。

1.3.3 基于先进测量传感器的发动机健康监控技术

液体火箭发动机健康监控的基础是基于传感器的信号测量技术。发动机的传感器测量信息大致可以分为以下几种类型：反映发动机工作过程的状态信号，如流量、压力、转速、加速度、温度等；反映发动机工作机理的物理参数，如频率、振型、图像、光谱、色谱等；反映发动机机械特性的结构参数，如刚度、阻尼、裂纹长度/深度/宽度等。其中，温度、压力等状态信号属于发动机传统测量的范围，目前发展的故障检测与诊断方法也大多基于此类信号。发动机物理、结构等参数由于其可测性较差(包括考虑发动机本身的可靠性)，一般不属于发动机传统测量的范围，但此类信号对发动机故障状态更为敏感，可用来提供发动机及其关键部件更及时、更详细的健康状态或诊断信息。因此，近年来，随着传感器及其测量技术的迅猛发展，基于先进测量传感器的发动机健康监控技术已得到了越来越多的关注和研究。

1. 发动机结构健康监测

液体火箭发动机在地面试验和飞行过程中，由于高温、高压、强振动等恶劣的工作条件和疲劳、蠕变、材料老化等因素的影响，其关键结构部件(如涡轮叶片、涡轮泵轴承与密封装置、推进剂输送导管、燃烧室壁、喷管喉部及其冷却夹套等)将不可避免地产生损伤积累。这些损伤不仅不容易被发现，而且由其导致的故障发生频率高、发展速度快、破坏程度大。因此，近年来，随着内窥、光纤光栅等无损检测和先进测量技术的发展，针对发动机关键部件开展其内部结构的损伤检测与诊断技术研究，不仅将为发动机的结构健康监测提供可行的技术途径，而且具有重大的工程实用价值。

1)发动机结构内窥无损检测

发动机结构内窥无损检测是指在不破坏发动机结构和材料的情况下，通过光学手段获取燃烧室、喷管、涡轮泵等关键结构部件的内表面状况，并基于图像处理技术进行损伤检测与评估。

内窥检测(Borescopic Inspection，BI)也称为孔探，属于目前常用的无损检测技术中的目视检测，也是其中应用最广泛的一种。表 1-2 给出了目前常用的航空发动机无损检测技术的比较。

表 1-2　常用无损检测技术比较

名称	优点	缺点	主要应用场景
涡流检测	非接触、检测速度快、能在高温下进行	只能用于导电材料表面和近表面缺陷的检测	发动机轮盘、叶片等部位的检测
液体渗透检测	显示直观、检测灵敏度高	只能检出表面开口的缺陷，而且对零件和环境有污染	发动机轮盘和叶片检测
磁粉检测	适用于铁磁材料表面和近表面缺陷	只能检出表面开口的缺陷，而且对零件和环境有污染	发动机叶片检测
射线照相检测	可检测工件内部缺陷，结果直观，检测基本不受零件材料、形状、外廓尺寸的限制	需要使用放射源，而且三维结构二维成像，前后缺陷可能重叠	发动机叶片检测和使用维护

续表

名称	优点	缺点	主要应用场景
超声检测	适用于多种材料(包括导电材料和非导电材料),能对缺陷进行定位,具有很高的精度	需要耦合剂,表面和近表面缺陷难以检测,且对探头的安装和前期的清洁工作要求较高	发动机叶片检测
声发射检测	可以检测和评价对结构安全更为有害的活动性缺陷,可以对大型复杂构件进行快速检测	检测容易受外部机电噪声干扰	发动机结构检测
工业 CT	能对缺陷进行定位,结果直观,检测灵敏度高,检测对象基本不受材料尺寸、形状的限制	检测成本高昂、检测效率比较低	发动机结构检测

内窥检测最早用于人体的医学检查,并经历了硬杆式、光纤式、视频内窥镜(也称为电子内窥镜)三个发展阶段。目前最先进的内窥检测系统为美国韦林公司生产的 VideoProbe XL 和日本 Olympus 公司生产的 IV6C6 系列。其采用了最新的视频成像技术,具有清晰度高、视距大、探头小(探头尺寸最小的视频内窥镜直径仅为 3.9mm)、能实现三维测量和操作灵活等特点。我国对内窥检测技术的研究起步较晚,于 20 世纪 80 年代开始引进并消化吸收,但目前制造技术与世界先进水平尚存在不小的差距,而且内窥镜整体体积比较大。

美国前总统里根曾说过,没有先进的无损检测技术,就没有美国在众多领域的世界领先地位。作为无损检测的重要手段之一,内窥检测不仅能有效避免发动机结构的拆卸、分解和安装问题,检测过程中不对发动机造成任何损伤和破坏,而且具有简单、直观、易行、能快速有效地发现结构部件损伤等特点。目前该技术已广泛应用于航空发动机的故障检查和监测。国内研究者分别从机器视觉、图像参数选取、内窥损伤的识别与评估等方面,对航空发动机内窥探伤的算法实现与应用等问题进行了分析与研究;或基于计算机和数字图像处理技术,研究提出了航空发动机故障诊断中孔探图像的参数选取方法;或分析设计了航空发动机九级篦齿盘和叶片损伤的内窥涡流集成检测传感器,并研究建立了发动机基于内窥的原位无损检测系统。部分学者综合运用计算机图像处理、模式识别、立体视觉、专家系统等技术,构建了航空发动机内窥检测损伤识别和评估系统。基于内窥检测的液体火箭发动机结构健康监测目前尚未见到相关的研究报道。

2)基于光纤光栅的发动机结构健康监测

发动机结构和工作环境复杂,不仅承受热力、气动、机械振动等各种载荷作用的压力,而且测量环境电磁干扰强烈、污染腐蚀严重。在发动机恶劣的工作环境和长期的循环载荷作用下,传统的电传感器常存在故障反应慢、寿命短、布线烦琐、测量精度易受电磁干扰和应变疲劳、蠕变因素的影响等局限。

光纤光栅作为一种近年来得到迅速发展的新型传感测量技术,其不仅可实现对应力、应变、振动、压力、温度等各种物理量的实时连续测量,而且具有结构简单、尺寸小、重量轻、抗电磁干扰、耐腐蚀、耐高温等特点。因此,随着制作工艺的逐渐成熟和基础理论的不断完善,光纤光栅传感技术正日益显示出其强大的生命力和在结构健康监测领域的良好应用前景。因此，基于光纤光栅传感技术全面、客观地获取发动机关键结构部件状态信息，研究发展发动机实时结构健康监测和研判技术，对于保证发动机安全运行并科学评估发动机使用寿命，有着非常重要的意义和应用价值。

光纤光栅的发动机结构测量主要由光纤光栅传感器、传输光缆、光纤光栅解调器等组成。光纤光栅传感器是构成光纤光栅传感网络的基础，主要用于监测发动机关键部位的结构强度信息及各种作用在发动机上的载荷信息等，应根据结构计算优化布设。其具体包括基于发动机各关键部位结构的载荷和受力特点进行关键位置分析、相应载荷监测的光纤光栅传感器优化配置、适合于发动机结构和恶劣环境的光纤光栅传感器封装形式和结构等。同时在传感器波长的选择方面，应满足对物理参量变化范围的检测，而且由于传感器检测波长的重合性，相邻传感器的波长差异应满足波长解调仪的分辨率，避免监测波长解调后的重叠。光纤光栅解调仪是光纤光栅传感网络的核心设备，用于将调制的每通道光信号同时进行波长解调成电信号，实现光信号到数字信号的转换。该解调仪应可实现多路光纤的同时接入，实现大规模的分布式光纤光栅传感网络构建。同时，其采集频率可根据不同信号的要求进行调整，而且不同光纤光栅解调仪之间能够进行同步和对时，保证各传感器采集信号的同步性和一致性。此外，每组光纤光栅传感器应具有备用回路，实现冗余功能，保证在主回路断纤或纤路衰减时，能够及时准确地采集信号数据。

光纤光栅技术的研究始于 1978 年 Hill 等首次观察到在掺锗光纤中因光诱导而产生光栅的效应，并制作了世界上第一支光纤光栅：Hill 光栅。目前光纤光栅已被广泛应用于桥梁、大跨度空间结构、隧道、铁路、海洋平台等结构的损伤监测、识别及评估等方面。在航空航天领域，NASA 在航天飞机和 X-33 上安装了光纤光栅传感网络，实现了对应变和温度等参数的实时测量和健康监测。日本东京大学的 Takeda 等则将光纤光栅用于飞机机翼的冲击和疲劳损伤测试。在他们开发的由复合材料制成的机翼测试平台上，安装了 7 根光纤光栅，并与超声波扫描等方法同时进行监测，结果显示光纤光栅传感器的输出更精确、更有效。

目前国内在基于光纤光栅传感器的测量技术与应用方面开展了一定的研究，包括基于光纤光栅传感器实现对温度、流量、振动等参数的测量，以及在桥梁、土木工程等智能材料和结构健康监测中的应用等。有学者将光纤光栅用于桥梁的结构健康监测：研究分析了光纤光栅传感器应变测试时的温度补偿、寿命预测和复用方式等问题；设计实现了由光纤光栅温度传感器、应变传感器和加速度传感器等组成的桥梁健康监测系统。还有将光纤光栅用于氢泄漏的检测，分析了光纤光栅的氢敏光学机理，设计开发了基于光纤光栅的氢敏探测器及其封装结构，并组建了氢敏探测系统。也有将光纤光栅用于汽车车架结构的健康监测，针对该结构中复合材料试件冲击载荷的定位与测量等问题进行了研究，并进行了振动、整车瞬态冲击和路面等实验。但目前国内尚未见到基于光纤光栅技术进行液体火箭发动机结构健康监测的相关研究报道。

2. 发动机羽流光谱诊断

液体火箭发动机中很多关键元部件(如涡轮泵、喷注器和阀门等)都是由金属材料制成的。当这些元部件一旦发生磨损、老化或烧蚀等故障时，其金属物质就会通过燃烧室进入发动机羽流。即使在成分浓度比较低的情况下，这些金属物质也能在流场高温下发射出足够强的紫外及可见辐射(Ultraviolet and Visible Radiation，UVR)光谱。因此，通过对发动机的羽流光谱进行分析，判别羽流中物质元素的成分与浓度，检测其特征和强度，可以有效实现对发动机工作状态的评估和实时检测与诊断。

发动机羽流光谱诊断主要包括发动机羽流光谱测量和发动机羽流光谱分析两个方面。

发动机羽流光谱测量主要利用会聚透镜、光纤、光谱仪和光学多通道分析仪等。会聚透镜用于聚焦羽流(或火焰)的光，并"成像"在透镜的焦平面上。一般要求透镜具有小的焦距、大的通光直径，从而能更多地聚焦羽流发射的光，提高测量结果的信噪比。光纤主要用于传递会聚透镜聚集的光能量，一般要求其对光能量的传输损耗越小越好。同时，通常使用光纤座固定透镜和光纤，并可上下、前后、左右多角度调节，使光以合适的角度入射到光纤端面上。光谱仪主要是基于光栅的色散元件，用于将光纤传导过来的复合光分解为单色光。其响应波段应能覆盖发动机羽流中主要的紫外和可见光，波长分辨率应能有效区隔发动机羽流中待识别元素的各特征谱线。光学多通道分析仪主要包括 CCD 探测器、控制板等。CCD 主要通过内部的 ADC 电路完成光信号到电信号的转换。控制板既可以通过光纤接收 CCD 采集的数字信号，进行处理后或显示在屏幕，或保存在硬盘，也可以通过另一根光纤控制 CCD 的工作参数，如曝光时间等。

发动机羽流光谱分析主要进行金属元素成分辨识、粒子浓度辨识、合金辨识等。金属元素成分的辨识主要是将发动机羽流的测量光谱与仿真计算或实验研究得到的各元素特征谱线进行比较，从而判别羽流中是否存在相应的元素。粒子浓度辨识主要是基于仿真计算或实验研究得到的光谱特征量(如光谱能量值、面积、光谱峰值相对强度等)随粒子浓度的变化关系，根据实际测量的羽流光谱计算得到所对应的粒子浓度值。合金辨识主要是用于当发动机羽流中出现不同合金含有的共同元素时，根据各合金的分子组成结构和该元素在合金中的组成比例，基于测量计算得到的粒子浓度进一步确定各种合金在羽流中的含量。

羽流光谱分析技术具有非侵入式、覆盖信息广、误检率低和计算量相对较低等优点。因此，自 1986 年至今，该技术得到了很大的发展。美国相继提出了多种羽流光谱故障检测与诊断算法，并成功地应用于 SSME 地面试车的健康监测。1995 年，NASA 的斯坦尼斯太空飞行中心(Stennis Space Center，SSC)建成了发动机诊断控制台(Engine Diagnostics Console，EDC)，成功地利用已有的 SSME 光谱数据库实现了对发动机状态的实时监测。此外，在国内，有学者首次将羽流光谱技术应用于液体火箭发动机地面试车试验的监控中，并对气氧/煤油火焰辐射光谱和该型发动机的羽流辐射光谱进行了实验研究。还有一些研究者利用相干反斯托克斯拉曼光谱(Coherent Anti-Stokes Raman Spectroscopy，CARS)技术、激光诱导荧光光谱(Laser-Induced Fluorescence Spectroscopy，LIFS)技术和平面激光诱导荧光(Planar Laser-Induced Fluorescence，PLIF)技术等激光光谱诊断技术对火箭发动机燃烧机理进行了研究。

3. 发动机推进剂泄漏检测

推进剂泄漏严重影响着液体火箭发动机工作的安全性和可靠性，发展推进剂泄漏检测技术一直是液体火箭发动机故障检测与诊断技术的重要方面。世界各航天大国，特别是美国，对此进行了大量的研究。

在氢泄漏检测方面，美国研制了针对 X-33 的氢泄漏在线检测系统。该系统采用 20 个固态微电子氢敏传感器，并基于集成化的设计将该系统直接集成在推进系统电子设备中，能够在推进系统组装、发射和推进剂加注等易发生泄漏的过程中，自动进行氢泄漏探测。Gencorp 研制了由传感器阵列、信号处理单元和诊断处理器三个部分组成的氢泄漏探测系统。该系统能够在惰性环境下进行连续、快速、多点、低浓度的氢气检测，并具有很高的灵敏性。此外，美国智能光学系统公司与波音公司联合研制开发了光纤氢泄漏实时检测系统。通过将低成本光源、标准通信级光纤及带有温度敏感指示器的光子管集成为多点光纤传感器系统，该系统能有效实现对运载火箭内部及外部的氢泄漏实时检测，并具有安全、抗电磁干扰、耐高温、耐腐蚀等特点。

在载人航天器的气体泄漏检测与定位方面，美国 Invocon 公司研制开发了无线超声气体检漏系统，并已经成功将其应用于国际空间站和航天飞机。该系统能检测气体紧急泄漏时发生的声音，并对泄漏位置进行三角测量和定位。思创公司与 NASA 合作研制生产的超声气体检漏系统，也一次性通过了 NASA 的所有测试，并成功应用于国际空间站。

此外，红外热成像作为一种非接触检测技术，可实现快速实时测量，并对低温推进剂和高温燃气泄漏具有很高的灵敏度。该技术主要是通过探测发动机外围的红外辐射信号，然后基于图像处理技术和适当的判据，判断发动机推进剂是否发生泄漏，并定位发生泄漏的位置、评估泄漏的程度。目前，红外热成像已成功应用于火箭发动机喷管、冷却通道等处的泄漏检测。研究者还通过将点式传感器和红外传感器相结合的方法，基于信息融合、分形特征和图像处理技术实现了液体火箭发动机推进剂泄漏故障的诊断。

综上所述，先进传感器测量技术具有较高的灵敏度、鲁棒性、可靠性和故障关联性等特点，目前已成为国内外在发动机健康监控技术领域的研究热点。然而，该类技术尚存在成本高、系统构建复杂、检测算法实时性不高等局限。因此，目前研制的系统大都处于发动机地面试验的仿真与验证阶段，而且由于试验条件与发动机实际工作条件的较大差异，检测结果会出现偏差。但随着测量技术的快速发展，大力开展此类关键技术的深入研究，并将其集成为发动机健康监控系统的一个功能模块，在通过大量地面试验考核验证的基础上，将其应用于发动机飞行时的健康监控，可以说是该领域的一个重要发展方向。

第 2 章 发动机系统组成与故障模式

2.1 引　言

液体火箭发动机系统由推进剂供应系统和推力室两部分组成。大型液体火箭发动机一般采用双组元推进剂，其供应系统一般由泵压式供应系统构成。组成推进剂供应系统的主要部件为涡轮泵、阀门、管路及燃气发生器等。推进剂供应系统将储箱供应的氧化剂与燃料分别增压输送到燃烧室、预燃室或燃气发生器。推力室将燃料与氧化剂进行混合燃烧产生高温高压燃气，并经喷管将燃气的热能转化为动能，从而产生推力。大型液体火箭发动机的推力室一般采用推进剂进行再生冷却。液体火箭发动机系统的工作过程包括了涡轮泵系统的高速转动，阀门等控制元件的机械运动，供应管路中的流体或气体的流动过程，各种换热器中的热交换以及推力室、预燃室或燃气发生器的燃烧过程。发动机的结构在这些机械、流体及热过程的作用下经受着强烈的振动、冲击和热负荷。这些结构或部件的失效所引起的发动机工作过程中状态参数异常，是发动机故障检测与诊断研究的基础。本章对大型泵压式双组元液体火箭发动机系统组成及工作原理作简要概述，并对常见的发动机故障及其效应做简要分析。在此基础上，给出发动机组件动力学模型，用于故障仿真和故障机理分析。

2.2 发动机系统组成结构与工作过程

2.2.1 发动机系统组成结构

大型液体火箭发动机系统主要组成结构类似，以某型高压补燃液氧煤油火箭发动机为例，介绍其主要组成结构。该型高压补燃液氧煤油火箭发动机由燃料预压涡轮泵、燃气发生器、主涡轮、氧化剂泵、推力室等构成，如图 2-1 所示。

该发动机从总体结构上来看，可以看作一个具有层次性、包含多层次子系统的复杂系统。发动机可分为发动机级、子系统级和元部件级等层次，并包含氧化剂供应系统、燃料供应系统、涡轮泵系统、管路系统、推力室系统、燃气发生器系统、调节系统、吹除系统、增压系统、抽真空系统、预冷系统和电气控制系统等子系统，而各子系统又可进一步细分为主涡轮、液氧主泵、燃料一级泵、燃料二级泵等元部件，如图 2-2 所示。

发动机组成结构的上述层次化分解，对于发动机故障检测与诊断过程的现场可视化观测、自顶而下进行故障的分级与传播特性分析，以及模块化故障仿真、传感器测点分布和优化配置等研究具有重要意义。

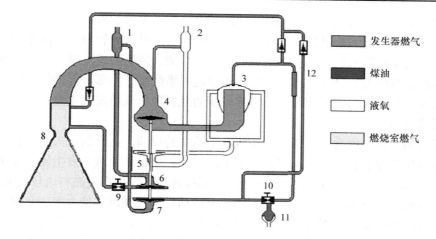

图 2-1　某型高压补燃液氧煤油火箭发动机系统组成结构

1-燃料预压涡轮泵；2-氧化剂预压涡轮泵；3-燃气发生器；4-主涡轮；5-氧化剂泵；6-燃料一级泵；

7-燃料二级泵；8-推力室；9-节流阀；10-流量调节器；11-起动箱；12-点火导管

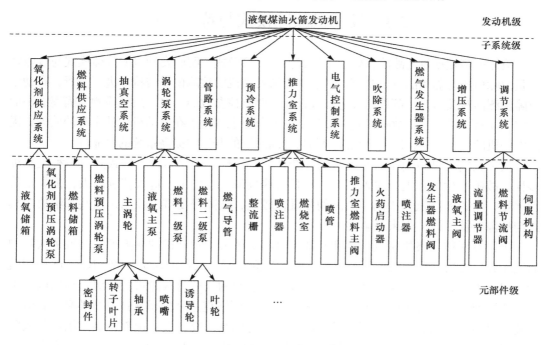

图 2-2　发动机组成结构层次分解图

2.2.2　发动机工作过程

　　发动机的阀门采用电动、气动或液动控制，具有推力、混合比调节功能。发动机设置了三种工作点，即额定工作点、低工况工作点(推力为额定值的 75%，混合比为额定值的 90%)和高工况高混合比工作点(推力为额定值的 110%，混合比为额定值的 110%)。

　　发动机的氧化剂为液氧，其通过氧预压涡轮泵、氧主泵、液氧主阀全部进入发生器进行燃烧产生的高温和富氧燃气，在对主涡轮做功后经燃气导管到达喷注器的气喷嘴入口，最后由气喷嘴进入燃烧室。发动机的燃料为煤油，经燃料预压泵、燃料一级泵增压后分为四路，其中大部分通过推力室冷却通道进入燃烧室，一部分经燃料二级泵提高压力后流入发生器和推力室点火路，另一部分驱动燃料预压泵后流入主路，最后一部分用于驱动伺服机构。

　　发动机的工作时序为：高压氦气挤压起动箱中的煤油，点火剂点火导管膜片被挤破后分别充填发生器和推力室点火路；液氧主阀打开，全部液氧进入发生器；发生器燃料阀打开，点火剂进入发生器并点火；流量调节器控制进入发生器的燃料流量为起动流量，发生器中的富氧燃气温度升高，驱动主涡轮泵转动；点火剂流进推力室，与驱动主涡轮转动后进入推力室的燃气混合点燃；燃料主阀打开，燃料进入推力室与富氧燃气燃烧，实现补燃，并根据要求，发动机向主级过渡；关机前，先转到末级，然后关闭发生器燃料阀，完成发动机关机。

2.3　发动机故障模式与特征分析

　　液体火箭发动机的故障具体表现形式称为故障模式。明确发动机的故障模式与故障特征是故障检测与隔离的重要基石，对液体火箭发动机的故障模式与特征进行分析，有助于故障检测前对关键监控部件的确定和选择、重要监控参数的选取、故障检测与隔离准则的设定。而且，对发动机故障模式与故障特征的分析也有助于在发动机设计中有的放矢，提高发动机的安全性能，同时在故障检测与诊断系统的开发中提高系统的可靠性。

　　液体火箭发动机由于具有结构的复杂性、工作环境的恶劣性，导致其故障种类多种多样，故障发生的程度也参差不齐，而且有些故障一旦发生，危害特别巨大，损失也特别严重，所以实际试车中同一故障的复现性较差，故障程度难以控制，这些都给故障模式与故障特征的研究带来了诸多的不便。

　　美国针对航天飞机主发动机和其他型号的液体火箭发动机的故障模式开展了大量的研究工作，为后来发动机故障检测与诊断的研究积累了大量的珍贵资源。Nemeth 按照航天飞机主发动机故障发生的频率、原因和故障引起的效应将故障进行分级，最后确立了16 种高等级故障和 5 种频发的故障模式。而后美国洛克达因公司又针对 7 种泵压式液体火箭发动机的历次试车与发射中的故障数据进行归纳研究，发现由部件裂纹引起的故障频率最高，其次是管路或密封件的泄漏故障，这两种故障占到故障总数的 3/4 左右，且经常发生在高压推进剂涡轮泵、燃烧室及其连接的管路与阀门位置。

　　在国内，吴建军针对液体火箭发动机归纳了 21 种故障模式，并对 YF-20B 发动机的故障进行仿真研究，重点仿真分析了涡轮泵的泄漏与气蚀等影响发动机工作效率的故障模式。卜乃岚将发动机稳态工作过程中出现的故障分为可预测与不可预测两类，其中管路与密封件的泄漏故障属于不可预测型，涡轮泵故障和管路系统的堵塞故障属于可预测型。殷谦统计了泵压式火箭发动机的主要故障模式，包括涡轮泵系统故障、管路与阀门的故障以及燃烧室与燃气发生器故障。刘冰建立了 YF75 的数学模型,并列出了相关的故障特性方程,分别对涡轮泵的瞬态与稳态故障模式进行仿真研究,分析了涡轮泵常见故障的故障机理和故障特征,并在此基础上建立了故障模式知识库。杨尔辅等研究了推力室的故障特征,统计分析了推力室的故障模式,为后人对推力室的建模仿真及故障检测与诊断研究奠定了基础。王建波主要针对液体火箭发动机的管路泄漏故障进行了仿真分析,总结了管路泄漏的故障特征及检测方法,为管路的故障检测与隔离算法的研究提供了宝贵资料。蔡益飞和张青松对液体火箭发动机燃气发生器和燃烧室气液管路的稳态故障进行了仿真研究,分析了燃料管路和氧化剂管路的流阻系数在故障发生时的变化情况,同时对比了氧化剂温度的变化对火箭发动机性能参数的影响,最后根据仿真分析结果,对这些发动机管路系统建立了较为完善的故障模式库。王惠等对某型泵压式火箭发动机涡轮泵转子发生碰撞摩擦等故障模式特征进行了深入的研究,同时对该故障模式下的涡轮泵振动情况进行了探讨,并对此类故障建立了微分方程进行求解,为涡轮泵系统的故障检测与诊断提供了理论支撑。

2.3.1　发动机故障的分类

液体火箭发动机的故障分类方式有很多,根据故障不同的特点通常可以从以下几个方面进行分类。

按故障的形式可分为结构型故障与参数型故障。结构型故障一般指部件出现结构性的损伤,如部件表面出现裂纹、转子出现磨损,或者是部件在生产或安装过程中出现不平衡、不对中等。典型的参数型故障一般有涡轮泵失速喘振、共振、超温等。

按故障的发展速度可以分为渐发性(或缓变性)的故障和突发性(或突变性)的故障,渐发性的故障通常是这个故障处于一个缓慢发展的状态,对参数和性能上的影响在长时间内渐变,能通过早期试验或测试来预测。而突发性故障是指故障在发生前没有明显的预兆,犹如阶跃响应一样,一般不能靠早期试验或测试来预测。但渐发性故障发展到一定程度有时又会导致更大的突发性故障。

依据故障影响的范围和程度可以分为局部性故障和全局性故障。局部性故障一般仅对发动机某些参数产生影响,或导致部分部件或系统功能丧失,并不对发动机整体性能产生大的影响。全局性故障则会对发动机整体性能产生大的影响,甚至导致全部功能丧失,乃至任务失败。

按故障发生的阶段可以分为启动过程的故障、稳态过程的故障和关机过程的故障。发动机的启动过程非常短暂,但要在短时间内完成多个动作,包括各种阀门的开启与关闭、管路的填充、涡轮和泵转速的突升,以及燃烧室和预燃室压强的建立等,这就导致各种物理参数和元部件工作特性变化范围与变化速率较大,因此是故障的多发阶段。发动机在稳态工作阶段主要受供应系统的流体及机械运动、燃气发生器与燃烧室能量转换过程的控制,易于得到发动机的数学模型或定性模型,可以采用基于模型的诊断方法进行诊断。稳态过程的故障主要有管路泄漏或阻塞、涡轮泵系统故障等。在发动机关机过程中容易发生的故障有阀门不动作或关闭不严等。

另外还有一些其他的分类方式,如按故障持续的时间可以分为临时性故障与持续性故障；按故障征兆的特点可分为征兆可观测型故障和不可观测型故障；按故障的原因可以分为先天性故障、劣化性故障和滥用性故障；按故障是否可预防的角度可分为随机故障和可预测故障。

2.3.2 发动机故障模式及原因分析

液体火箭发动机按照故障发生的部件可分为管路系统故障、燃气发生器故障、涡轮泵故障、推力室故障、自动器故障和密封件故障等。我国在 1960～1998 年自主研制了十几种泵压式液体火箭发动机，这些发动机在地面试车及发射期间也都出现过大大小小的故障，经过对这些故障资料进行统计分析，得出各种部件发生故障的比例，如图 2-3 所示。由图 2-3 可见，在所有的故障比例中，涡轮泵发生故障的比例最高，占到故障总数的 29.7%，紧随其后的是推力室故障，占到故障总数的 21.2%，这两个部件是故障的高发部位，故障比例加起来超过了 50%，这与两个部件恶劣的工作环境是分不开的。排在第三位的是管路系统故障，占到故障总数的 18.2%，然后依次是密封件故障、自动器故障和燃气发生器故障，分别占到故障总数的 10.9%、9.7% 和 4.8%，其中还有其他人为差错和测试系统差错所引起的故障占到 5.5%。

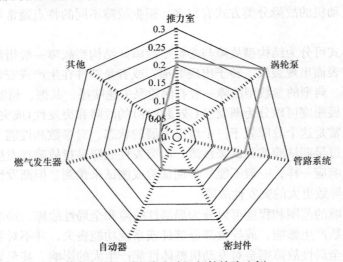

图 2-3　泵压式发动机部件故障比例

液体火箭发动机由于具有极其复杂的结构，导致它发生故障的原因也是多种多样的，同时故障发生的位置也是千差万别的。大型泵压式液体火箭发动机一般按照故障模式的类型及成因可以分为以下十类：泄漏、堵塞、烧蚀、卡死、磨损/腐蚀、断裂/破裂、剥落/脱落、疲劳破坏、密封失效、爆炸。

（1）泄漏。这类故障主要发生在以下位置或部件，即管路与阀门的接头、管路与喷嘴的接头、管路与其他组件的接头、壳体间的焊缝、部件表面或内部的裂纹、转动组件与静止组件间的转动密封件、固定密封件、阀门的密封座等。大部分泄漏产生的原因是材料本身生产或设计的缺陷、结构安装不正确、材料抗疲劳性能差、部件所处的温度过高以至于产生过热变形、紧固部件扭矩松弛等。

(2)堵塞。这类故障主要发生在喷注器、涡轮泵、节流孔、导管、通道等孔径比较细小的管路或位置。这种故障发生的原因通常是推进剂内部掺入了杂质，而杂质的来源多为发动机内部的磨削物、火药残渣或金属颗粒物等。

(3)烧蚀。这类故障主要发生在燃烧室、涡轮泵转子和喷注器等。涡轮泵转子烧蚀通常是氧化剂泵一侧的密封圈出现裂缝或者摩擦导致的破损，致使部分氧化剂泄漏到涡轮转子腔内，导致本来在涡轮内的富燃燃气猛烈燃烧，腔内温度急剧升高，超出涡轮转子叶片材料的熔化温度，产生叶片烧蚀，甚至造成转子变形等，有时高温燃气还会烧穿涡轮的壳体；或者是由于高温燃气吹向涡轮转子，瞬间的大量热量聚集在转子表面，造成转子局部烧蚀。燃烧室烧蚀通常是由燃烧火焰不稳定或推力室冷却通道堵塞引起的。

(4)卡死。这类故障发生的位置通常在涡轮泵的滚珠轴承、各种电磁阀门或电动气阀、涡轮泵的转子等。滚珠轴承发生卡死通常是由滚珠的脱落或碎裂造成的。涡轮泵转子卡死通常是由于转子叶片焊接强度没按规定要求，造成叶片转动中发生脱落，或者氧化剂密封圈泄漏，导致涡轮内部温度升高，叶片烧蚀、脱落，卡死转子。

(5)磨损/腐蚀。这类故障经常发生在转动部件，如涡轮泵的轴承、密封件、密封座、叶轮、叶片，或与具有一定腐蚀性的推进剂直接接触的部件以及燃气直接接触的部件，如喷注器和主燃烧室等。这类故障通常是由于涡轮的壳体受热产生变形，导致其涡轮叶片与导向叶片发生部分摩擦；或者是由于涡轮内燃气温度过高，转子叶片热变形，叶片顶端与壳体发生碰撞摩擦；或者由于涡轮转子或叶片受到大的径向力或转子产生幅度较大的共振，致使轴承滚道与滚珠的接触面产生疲劳破坏，更严重的是转子受到较大的轴向力作用进而产生轴向位移，使得转子与其他组件产生剧烈的摩擦，严重的甚至会发生爆炸。

(6)断裂/破裂。这类故障经常发生在涡轮泵的转子叶片和诱导轮、导管、喷注器、一些组件连接处的焊缝、支撑结构等。涡轮转子和诱导轮断裂通常是由于叶片产生裂纹、加工刀痕过深、产生应力集中、材料本身的抗疲劳性能差，受到大的交变载荷时会产生疲劳破坏，进而断裂。导管断裂通常是由材料加工缺陷或者与发动机振动产生频率耦合等原因引起的。其余的还有一些组件连接方式不当，或者焊缝加工缺陷等原因也会导致断裂故障的发生。

(7)剥落/脱落。这类故障经常发生在涡轮泵系统，如涡轮的轴承滚珠脱落，涡轮的叶片、叶冠脱落等。当涡轮泵工作时，涡轮盖受热变形，同时由于涡轮盖与卫带间的缝隙比较小，这样就容易引起两者发生摩擦、碰撞，致使涡轮的叶冠发生脱落，转子不再平衡，涡轮效率下降。

(8)疲劳破坏。疲劳破坏主要发生在涡轮泵的叶片和承载压力的支撑部件。疲劳破坏通常是由于部件上所加的载荷超出材料本身的承受限度；或者由于材料受到高频的振动，处于较高的环境温度致使材料性能产生变化等。

(9)密封失效。密封失效通常发生在阀门和涡轮泵等位置。阀门的密封失效有时是由受到污染、腐蚀或材料本身的缺陷所致。导致涡轮泵端面密封失效的原因主要有：结构设计不合理、组件装配不当、焊接处产生微型裂纹、材料的抗疲劳性能差等。

(10)爆炸：这类故障一般发生在涡轮泵和燃烧室。对于单涡轮同轴带动双泵结构，一般是由于密封件泄漏，致使两种推进剂相遇进而发生爆炸；或者涡轮泵内部转动部件与静止部件由于各种原因导致的碰撞摩擦，进而产生高温，致使泵腔内压强急剧升高，引起爆炸。

2.3.3 发动机故障特征分析

在 2.3.2 节中，对我国泵压式液体火箭发动机故障部件发生的比例进行了统计，发现排在前三位的部件依次是涡轮泵故障、推力室故障和管路系统故障，并且这三种部件发生故障的比例总和近乎 70%，因此，接下来的故障特征分析也主要针对这三种部件的故障。

1. 涡轮泵故障特征

涡轮泵系统是泵压式液体火箭发动机中故障发生最频繁的部件，这是由于它是发动机推进剂运输的动力来源，相当于发动机的心脏，其高温高转速的工作环境和精密复杂的结构特点，注定是故障的高发区。涡轮泵故障模式一般有：断裂、端面密封失效、磨损、泵爆炸、烧蚀、轴承损坏、卡死、叶片或叶冠脱落、其他故障等。图 2-4 对我国某型发动机的涡轮泵故障模式进行了统计。

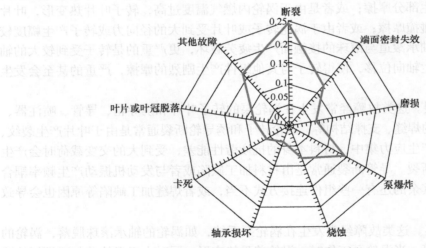

图 2-4　涡轮泵各故障模式所占比例

涡轮泵故障特征主要表现在以下几个方面：故障经常发生在发动机的启动和稳态阶段，而且故障发生前几乎没有征兆，多为瞬变故障和突发故障；从图 2-4 可以发现，涡轮泵的断裂故障发生的比例最高，一般是在涡轮的诱导轮、部件连接处或叶片部位发生强的共振、疲劳损伤或气蚀等原因造成的；泵爆炸故障占到故障总数的 14.3%，这类故障部分是由发生泄漏引起的，或者是由产生谐振动、发生碰撞摩擦导致；端面密封件失效一般是因为密封件发生磨损或者腐蚀、结构设计不合理，或者装配不当等；涡轮转子是比较脆弱的部件，容易出现烧蚀、断裂、脱落的情况。总之，涡轮泵系统一旦故障，一般都会产生严重的后果，直接影响发动机的性能。

2. 推力室故障特征

推力室是燃料与氧化剂的化学能转化为热能，进而再转化为动能的场所，所以这里是整个发动机所处工作温度最高的部分。推力室的故障模式一般有裂纹或断裂、泄漏、不稳定燃烧、烧蚀、爆炸、其他故障等。图 2-5 对我国某型发动机的推力室故障模式所占比例进行了统计。

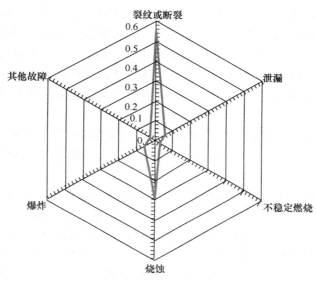

图 2-5 推力室各故障模式所占比例

推力室故障特征主要表现在以下几个方面：推力室故障通常发生在启动阶段，这是由于启动阶段推进剂输送还不稳定，推力室在启动瞬间由低温飙升到高温，结构热变形较大，而且故障发生前几乎无征兆，故障多为瞬变故障和突发故障；从图 2-5 可发现，部件出现裂纹或断裂故障的比例最高，达到 54.3%，占到推力室故障的一半以上，在推力室的内外壁上及其部件的焊接处容易发生此类故障，多是由焊接工艺不达标、部件出现耦合振动现象所致；推力室另一个多发故障是烧蚀，一般发生在推力室喷管的喉部、燃烧室壁面和喷注器面板上，主要是因为燃烧室冷却系统出现故障或设计不合理、推进剂管路流动不稳定导致燃烧不稳定。总之，推力室故障和涡轮泵故障一样，一旦发生都将产生严重的后果，直接影响发动机的性能。

3. 管路系统故障特征

管路系统故障一般包括堵塞和泄漏两类，当管路系统发生局部的微小泄漏和阻塞时，通常会在发动机的相关参数中有所反映，但并不明显，因而不易察觉，属于缓变故障。当燃料管路泄漏量过大时会引起局部大火，甚至爆炸，具有一定的突变性。当管路系统出现部分堵塞时，会影响发动机的部分性能，这和泄漏故障比较类似，但当发生完全堵塞时，会导致发动机熄火，有时管路中坚硬的堵塞物甚至会进入涡轮泵，导致涡轮泵叶片受到破坏。

2.4　发动机故障仿真与故障机理分析的动力学基础

液体火箭发动机工作在高温、高压、强腐蚀的极致环境条件下，一方面其故障发生和发展过程持续时间很短，但影响严重；另一方面不仅发动机类型不同，其结构、工况、故障表现形式各异，而且即使是同一类型或同一台发动机，输入条件的微小变化都会导致其故障模式发生漂移或完全不同，从而难以通过物理模拟和试验的方法实现发动机故障的复制和再现。因此，与发动机试车和飞行数据的庞大规模形成鲜明对比的是，故障样本的规模和所占比例很小，这也导致了在缺少充分样本数据、足够的故障模式及其特征描述的情况下，发动机故障检测与诊断方法结果的准确性难以得到有效的提高。

近年来，随着计算机仿真技术的迅速发展，基于发动机的数学模型进行发动机工作过程故障仿真研究，已成为获得发动机故障模式特征、诊断知识和故障样本数据的有效途径。

液体火箭发动机发生故障的因素和模式复杂多变，通常可以表述为在故障因素的影响下，通过故障机理的作用，以某种故障模式展现出来。故障因素是导致发动机故障的全部因素的集合；故障机理是在载荷的作用下，产生故障的物理或化学过程等。故障仿真过程也就是故障机理揭示的过程。本节以某型高压补燃液氧煤油火箭发动机为对象，基于结构层次化分解的思想，建立了发动机的模块化组件故障模型，给出故障仿真、故障机理的分析方法；进行了氧化剂泵气蚀、燃烧室喉部烧蚀、燃烧室燃气泄漏、氧泵前管路堵塞、氧泵前管路泄漏和氧主阀开启故障等的故障仿真，并通过发动机的试车数据对仿真结果进行了验证与分析。

2.4.1　发动机典型部件故障及其故障模型

故障因子是可能导致液体火箭发动机故障的全部因素的集合。液体火箭发动机故障模式是故障发生时的具体表现形式，并不揭示故障的实质原因。对于液体火箭发动机故障检测与诊断，最根本问题在于故障机理分析。故障机理，就是通过理论或大量试验分析得到反映液体火箭发动机故障状态信号与其系统参数之间联系的表达式。液体火箭发动机故障类型多种多样，本节主要介绍几种典型部件故障，建立其故障模型，可用于分析液体火箭发动机故障因子与发动机系统参数的影响，是液体火箭发动机故障机理分析的基础。

一般而言，大推力液体火箭发动机系统是泵压式结构，主要构成组件包括涡轮、泵、热力组件(燃烧室、燃气发生器、燃气导管)、调节器(节流装置)及自动器等，而且即使对于不同型号的液体火箭发动机，其动态数学模型在形式上都具有一定的通用性，只是在数学模型的参数设置上有差异。因此，基于这一特点，首先根据发动机结构层次化分解和故障模式分析的结果，对发动机各组件分别建立其故障模型，然后根据具体发动机的物理连接关系，拼装组建发动机的模块化组件模型库并开展故障仿真研究。该方式不仅将有效简化各组件模型间的接口关系，而且具有结构清晰、计算效率高、可扩展性强等特点。

若将发动机的每一个组件均视为具有一定输入输出关系的基本元件模块，则可建立其数学描述为

$$\begin{cases} \dfrac{\mathrm{d}X}{\mathrm{d}t} = H(X,U,D,t) \\ Y = G(X,U,D,t) \end{cases} \tag{2-1}$$

式中，$X = (x_1, x_2, \cdots, x_m)^{\mathrm{T}}$ 为模块的状态变量；$Y = (y_1, y_2, \cdots, y_n)^{\mathrm{T}}$ 为模块的输出变量；$U = (u_1, u_2, \cdots, u_p)^{\mathrm{T}}$ 为模块的输入变量；D 为组件数学模型参数；t 为时间变量；$H(\cdot)$ 和 $G(\cdot)$ 为上述参数之间相互联系的函数关系。

组件数学模型参数决定了发动机组件的性能和工作特性，而组件的工作状态描述（包括状态变量 X、输出变量 Y 和输入变量 U），只是对组件数学模型参数发生变化产生影响的反映。因此，将发动机组件数学模型参数乘以一定的系数（该系数称为故障因子），可以用来表征发动机组件发生的故障。同时，通过修改故障因子的大小，还可以模拟该发动机组件故障发生的严重程度。

发动机组件发生故障时，发动机系统的数学描述为

$$\begin{cases} \dfrac{\mathrm{d}X}{\mathrm{d}t} = H(X,U,F^*,D,t) \\ Y = G(X,U,F^*,D,t) \end{cases} \tag{2-2}$$

式中，F^* 为故障因子，表征元件或部件或组件的故障状态。

基于上述方法，本节建立了包括液涡轮模型、燃气涡轮模型、泵模型、热力组件模型、液体管路模型和带阀液体管路模型等在内的发动机组件模块化故障仿真模型。发动机各组件之间通过变量 Y 和 U 加以联系，这样当发动机某个组件发生变化时，只需修改该组件模型，而不会影响到其他部分。

2.4.2　液涡轮模型

在液氧煤油发动机中，液涡轮为冲击式涡轮，为燃料预压泵提供轴动力。当涡轮出现转子破坏、叶片烧蚀、流道堵塞、轴承卡住、转子卡住和涡轮轮缘脱落故障时，涡轮做功能力下降甚至丧失做功能力。

液涡轮功率方程：

$$N_{\mathrm{ptf}} = \frac{P_{\mathrm{iptf}} - P_{\mathrm{eptf}}}{\rho_{\mathrm{ptf}}} q_{\mathrm{ptf}} \cdot \eta_{\mathrm{ptf}} \cdot F_{t1} \tag{2-3}$$

液涡轮效率方程：

$$\eta_{ptf} = \omega_{f1} + \omega_{f2}\left(\frac{n_{ptf}}{v_{eptf}}\right) + \omega_{f3}\left(\frac{n_{ptf}}{v_{eptf}}\right)^2 \tag{2-4}$$

液涡轮功率平衡方程(带故障参数):

$$J = \frac{\mathrm{d}n_{ptf}}{\mathrm{d}t} = \frac{N_{ptf} - (1 + F_{t2})N_{ppf}}{(\pi/30)^2 F_{t3} n_{ptf}} \tag{2-5}$$

式中,液涡轮入口压力和出口压力分别是:$P_{iptf} = P_{epf1}$,$P_{eptf} = P_{eppf}$。其中,下标 i 和 e 表示参数的输入和输出;下标 ptf、ppf 和 pf1 分别表示燃料预压涡轮、燃料预压泵和燃料一级泵;N 为功率;P 为压力;η 为涡轮效率;v 为工质出口速度;q 为质量流量;ρ 为密度;J 为涡轮泵转子的转动惯量;n 为转速;ω_{f1}、ω_{f2} 和 ω_{f3} 是涡轮效率经验系数。后面内容中相同的下标及符号表示相同的含义,不再赘述。

F_{t1}、F_{t2} 和 F_{t3} 为液涡轮故障因子,可表示如下类型的故障或异常现象。①涡轮转子破坏:$0 \leqslant F_{t1} < 1$,正常时 $F_{t1} = 1$;②涡轮叶片烧蚀:$0 \leqslant F_{t1} < 1$,正常时,$F_{t1} = 1$;③涡轮流道堵塞:$0 \leqslant F_{t1} < 1$,正常时,$F_{t1} = 1$;④涡轮轴承卡住:$F_{t2} > 0$,正常时,$F_{t2} = 0$;⑤涡轮转子卡住:$F_{t2} > 0$,正常时,$F_{t2} = 0$;⑥液涡轮轮缘脱落:$0 \leqslant F_{t3} < 1$,正常时,$F_{t3} = 1$。

2.4.3 燃气涡轮模型

在液氧煤油发动机中,燃气涡轮包括氧化剂预压涡轮和主涡轮。氧化剂预压涡轮采用的是冲击式涡轮,主涡轮采用的是反力式涡轮,燃气涡轮是在高温、高压、高速条件下工作的。表 2-1 给出了建立模型中氧化剂预压涡轮和主涡轮模型的接口参数。

表 2-1 燃气涡轮模型的接口参数

氧化剂预压涡轮(冲击式)	主涡轮(反力式)
$P_{iopt} = P_{lg}$	$P_{it} = P_{gg}$
$P_{eopt} = P_{eopp}$	$P_{et} = P_{lg}$
$(RT)_{iopt} = (RT)_{et}$	$(RT)_{it} = (RT)_{egg}$
$\gamma_{iopt} = \gamma_{egg}$	$\gamma_{it} = \gamma_{egg}$
$\theta_{opt} = 0$	$\theta_t = \theta_0$

在表 2-1 中,下标 opt、opp、t、lg、gg 分别表示氧化剂预压涡轮、氧化剂预压泵、主涡轮、燃气导管和燃气发生器;γ 为气体比热比;R 为燃气气体常数;T 为燃气温度。

燃气涡轮工作过程中各参数间关系式可用如下方程描述。

燃气涡轮功率方程：

$$N = \left(v_e^2 / 2 \right) \cdot q \cdot \eta \cdot F_{\text{to1}} \tag{2-6}$$

燃气涡轮效率方程：

$$\eta = b_1 + b_2 \left(\frac{n}{v_e} \right) + b_3 \left(\frac{n}{v_e} \right)^2 \tag{2-7}$$

燃气涡轮流量方程：

$$q = \begin{cases} \dfrac{\mu A P_i}{\sqrt{(RT)_i}} \sqrt{\gamma \left(\dfrac{2}{\gamma + 1} \right)^{\frac{\gamma+1}{\gamma-1}}}, & \dfrac{P_0}{P_i} \leqslant \left(\dfrac{2}{\gamma + 1} \right)^{\frac{\gamma}{\gamma-1}} \\[4mm] \dfrac{\mu A P_i}{\sqrt{(RT)_i}} \sqrt{\dfrac{2\gamma}{\gamma - 1} \left[\left(\dfrac{P_0}{P_i} \right)^{\frac{2}{\gamma}} - \left(\dfrac{P_0}{P_i} \right)^{\frac{\gamma+1}{\gamma}} \right]}, & \dfrac{P_0}{P_i} > \left(\dfrac{2}{\gamma + 1} \right)^{\frac{\gamma}{\gamma-1}} \end{cases} \tag{2-8}$$

涡轮燃气理论喷射速度：

$$v_e = \sqrt{\dfrac{2\gamma}{\gamma - 1} (RT)_i \left[1 - \left(\dfrac{P_e}{P_i} \right)^{\frac{\gamma-1}{\gamma}} \right]} \tag{2-9}$$

燃气涡轮功率平衡方程：

$$J \frac{\mathrm{d}n}{\mathrm{d}t} = \frac{N - (1 + F_{\text{to2}}) \sum N_p}{(\pi / 30)^2 \cdot n \cdot F_{\text{to3}}} \tag{2-10}$$

涡轮静子与转子间的燃气压力：

$$P_0 = P_i \left[\theta + (1 - \theta) \left(\frac{P_e}{P_i} \right)^{\frac{\gamma-1}{\gamma}} \right]^{\frac{\gamma}{\gamma-1}} \tag{2-11}$$

式中，F_{to1}、F_{to2}、F_{to3} 为燃气涡轮故障因子，可表示如下类型故障或异常现象。①涡轮转子破坏：$0 \leqslant F_{\text{to1}} < 1$，正常时 $F_{\text{to1}} = 1$；②涡轮叶片烧蚀：$0 \leqslant F_{\text{to1}} < 1$，正常时，$F_{\text{to1}} = 1$；③涡轮流道堵塞：$0 \leqslant F_{\text{to1}} < 1$，正常时，$F_{\text{to1}} = 1$；④涡轮轴承卡住：$F_{\text{to2}} > 0$，正常时，$F_{\text{to2}} = 0$；⑤涡轮转子卡住：$F_{\text{to2}} > 0$，正常时，$F_{\text{to2}} = 0$；⑥涡轮轮缘脱落：$0 \leqslant F_{\text{to3}} < 1$，正常时，$F_{\text{to3}} = 1$。$\mu$ 为涡轮喷嘴的流量系数；A 为涡轮喷嘴面积；N 为涡轮功率；$\sum N_p$ 表示由涡轮带动的泵功率之和。

2.4.4 泵模型

在液氧煤油发动机中，氧化剂路中有氧化剂预压泵和氧化剂泵，燃料路中有燃料预压泵、燃料一级泵和燃料二级泵，它们的主要作用是对推进剂增压，泵是在高压、高速、易燃、易腐蚀条件下工作的。表 2-2 给出了不同推进剂泵的接口参数。通常，对发动机工作过程仿真时，采用泵的静态特性描述泵的工作，其静态特性完全根据经验确定。

表 2-2　各泵的接口参数

泵	接口参数		
PPO	$n_{ppo} = n_{pto}$	$q_{ppo} = q_{vo}$	$P_{ippo} = P_{io} - \Delta P_{lo}$
PO	$n_{po} = n_t$	$q_{po} = q_{vo}$	$P_{ipo} = P_{eppo} - \Delta P_{lo}$
PPF	$n_{ppf} = n_{ptf}$	$q_{ppf} = q_{vf}$	$P_{ippf} = P_{if} - \Delta P_{lf}$
PF$_1$	$n_{pf1} = n_t$	$q_{pf1} = q_{vf}$	$P_{ipf1} = P_{eppf} - \Delta P_{lf}$
PF$_2$	$n_{pf2} = n_t$	$q_{pf2} = q_{rf}$	$P_{ipf2} = P_{pf1} - \Delta P_{lf}$

在表 2-2 中，PPO、PO、PPF、PF$_1$、PF$_2$ 分别表示氧化剂预压泵、氧化剂泵、燃料预压泵、燃料一级泵和燃料二级泵；q_{vo} 为氧化剂主阀的质量流量；q_{vf} 为燃料主阀的质量流量；q_{rf} 为流量调节器的质量流量；P_{io} 为氧化剂入口压力；P_{if} 为燃料入口压力；ΔP_{lo} 为氧化剂管路压力损失；ΔP_{lf} 为燃料管路的压力损失。

在泵工作过程中，当某处静压力低于当时温度下的截止饱和蒸汽压力时，将产生气泡，体积膨胀，进入高压区时，气泡又凝结成液体，体积收缩，压力升高，形成巨大的水力冲击，叶轮表面受到这种交变的压力冲击，从而产生裂纹、剥蚀，这就是泵的气蚀。泵气蚀发生时，流量、出口压力和泵扬程下降，进一步发展会在泵中形成断流，导致叶轮损坏。

泵的扬程：

$$\Delta P = P_e - P_i = \left(\mu_{p1}n_p^2 + \mu_{p2}n_pq_p + \mu_{p3}q_p^2 \right) F_{p1} \tag{2-12}$$

泵的功率：

$$N_p = \upsilon_{n1}n_p^3 + \upsilon_{n2}n_p^2q_p + \upsilon_{n3}n_pq_p^2 \tag{2-13}$$

式中，ΔP 为泵的扬程；μ_{p1}、μ_{p2}、μ_{p3} 和 υ_{n1}、υ_{n2}、υ_{n3} 分别表示泵扬程和功率的经验系数；F_{p1} 为泵故障因子，泵气蚀时：$0 < F_{p1} < 1$，正常时：$F_{p1} = 1$。

2.4.5　热力组件模型

燃气泄漏主要由烧坏、振动等引起，泄漏使得容积偏高和燃气漏失。燃气发生器发生泄漏时，其压力下降最快，涡轮的功率下降，转速降低，而流过燃气发生器的流量增加，燃烧室的流量减少，导致推力室压力下降，燃气发生器的压力对燃气发生器泄漏较敏感；燃烧室泄漏使燃烧室室压下降幅度最大，燃烧室的流量增加，燃气发生器的流量减少，燃气发生器压力下降，涡轮泵转速降低，燃烧室压力对燃烧室泄漏最敏感。热力组件接口参数如表 2-3 所示。

表 2-3　热力组件接口参数

GG	COMB	IG
$P_{egg} = P_{ig}$	$P_{ecom} = c$	$P_{elg} = P_{com}$
$K_{igg} = 0$	$K_{icom} = K_{lg}$	$K_{ilg} = K_{gg}$
$q_{ilo} = q_{vo}$	$q_{ilo} = 0$	$q_{ilo} = 0$
$q_{ilf} = q_{rf}$	$q_{ilf} = q_{vf}$	$q_{ilf} = 0$
$q_{ig} = 0$	$q_{ig} = q_{elg}$	$q_{ilg} = q_{egg} - q_{po}$

在表 2-3 中，GG、COMB 和 IG 分别表示燃气发生器、燃烧室和燃气导管；P_{elg} 和 P_{com} 分别表示燃气导管和燃烧室内压力；c 为常数；K_{ilg} 和 K_{gg} 分别表示燃气导管和燃气发生器混合比；q_{vo}、q_{vl}、q_{rf}、q_{elg}、q_{egg} 和 q_{po} 分别表示流经液氧主阀、燃料主阀、流量调节器、燃气导管出口、燃气发生器出口和氧主泵的质量流量。

质量守恒方程：

$$\frac{\mathrm{d}m_g}{\mathrm{d}t} = q_{ig} + q_{lo} + q_{lf} - (1 + F_{g2})q_{eg} \tag{2-14}$$

热力组件内燃气密度变化：

$$\frac{\mathrm{d}\rho}{\mathrm{d}t} = \frac{1}{V} \cdot \frac{\mathrm{d}m_g}{\mathrm{d}t} \tag{2-15}$$

热力组件内燃气混合比的变化率：

$$\frac{\mathrm{d}K}{\mathrm{d}t} = (1 + K)(q_o - K \times q_f) \cdot \frac{RT}{PV} \tag{2-16}$$

热力组件内燃气热值：

$$RT = RT(K) \tag{2-17}$$

理想气体方程：

$$PV = m_g RT \tag{2-18}$$

对式 (2-18) 两边求导，有

$$\frac{\mathrm{d}P}{\mathrm{d}t} = \frac{RT}{V} \cdot \frac{\mathrm{d}m_g}{\mathrm{d}t} + \frac{P}{RT} \cdot \frac{\mathrm{d}(RT)}{\mathrm{d}t} - \frac{P}{V} \cdot \frac{\mathrm{d}V}{\mathrm{d}t} \tag{2-19}$$

出口流量方程：

$$q_e = \begin{cases} \dfrac{\zeta F_{g1} A P}{\sqrt{(RT)_i}} \sqrt{\gamma \left(\dfrac{2}{\gamma+1}\right)^{\frac{\gamma+1}{\gamma-1}}}, & \dfrac{P_e}{P} \leqslant \left(\dfrac{2}{\gamma+1}\right)^{\frac{\gamma}{\gamma-1}} \\[4mm] \dfrac{\zeta F_{g2} A P}{\sqrt{RT}} \sqrt{\dfrac{2\gamma}{\gamma-1}\left[\left(\dfrac{P_e}{P}\right)^{\frac{2}{\gamma}} - \left(\dfrac{P_e}{P}\right)^{\frac{\gamma+1}{\gamma}}\right]}, & \dfrac{P_e}{P} > \left(\dfrac{2}{\gamma+1}\right)^{\frac{\gamma}{\gamma-1}} \end{cases} \tag{2-20}$$

式中，m_g、ρ、V、P 和 K 分别表示热力组件内高温燃气质量、密度、体积、压力和混合比；q_{ig}、q_{lo} 和 q_{lf} 分别表示流入热力组件的燃气质量流量、液态氧化剂质量流量和液态燃料质量流量；q_{eg} 为热力组件出口流量；ζ 为热力组件喉部的流量系数；A 表示热力组件的喉部面积。F_{g1}、F_{g2} 为热力组件故障因子，可表示如下类型故障或异常现象：F_{g1} 表示喉部烧蚀，$F_{g1}>1$，正常时 $F_{g1}=1$；F_{g2} 表示燃气泄漏，$F_{g2}>0$，正常时 $F_{g2}=0$。

2.4.6　液体管路模型

　　液体管路在发动机中起着向组件输送推进剂的作用，其输入为压力和推进剂质量流量，同时向下一个组件输出压力和推进剂质量流量。在建模和仿真中，需要考虑液体的惯性、黏性及压缩性。

　　考虑液体的惯性和黏性，根据压力叠加原理，可以得到管路中推进剂组元的运动方程，即

$$L\frac{\mathrm{d}q}{\mathrm{d}t}=F_{l1}\left[(P_i-P_e)-F_{l2}\alpha q^2\right] \tag{2-21}$$

　　考虑液体的压缩性，根据质量守恒方程，经推导，可以得到管路中推进剂组元的连续方程，即

$$\xi\frac{\mathrm{d}P_e}{\mathrm{d}t}=\frac{q_i-q_e}{F_{l2}} \tag{2-22}$$

式中，$\xi=V/a^2$ 为液体管路流容系数，反映管路中液体的压缩性，V 为管路体积；a 表示液体中的声速；L 为液体的惯性流阻系数；α 为管路的流阻系数；q_i 和 q_e 分别表示管路的入口和出口质量流量；P_i 和 P_e 分别表示管路入口和出口的压力；F_{l1}、F_{l2} 为带阀液体管路故障因子，可表示如下类型故障或异常现象：F_{l1} 为泄漏故障因子，$0<F_{l1}<1$，正常时 $F_{l1}=1$；F_{l2} 为阻塞故障因子，$F_{l2}>1$，正常时 $F_{l2}=1$。

2.4.7　带阀液体管路模型

　　带阀液体管路模型主要是针对推进剂供应系统中的主要阀门及与之相连接的管路而建立的一个组件模型。在液氧煤油发动机中，具体指液氧主阀及其后的管路与燃烧室燃料阀及其后的管路。表 2-4 给出了带阀液体管路的接口参数。

表 2-4　带阀液体管路接口参数

VO	VF
$P_{ivo}=P_{eop}-\Delta P_o$	$P_{ivf}=P_{efp1}-\Delta P_f$
$P_{evo}=P_{gg}$	$P_{evf}=P_c+\Delta P_{co}$

　　在表 2-4 中，VO、VF 分别表示液氧主阀和燃料路燃烧室前燃料阀；P_{ivo}、P_{evo}、P_{eop}、ΔP_o 和 P_{gg} 分别表示液氧主阀入口压力、出口压力、氧泵出口压力、氧泵至液氧主阀管路压力损失、燃气发生器压力；P_{ivf}、P_{evf}、P_{efp1}、ΔP_f、P_c 和 ΔP_{co} 分别表示燃烧室前燃

压力损失、燃气发生器压力；P_{ivf}、P_{evf}、P_{efp1}、ΔP_f、P_c 和 ΔP_{co} 分别表示燃烧室前燃料阀入口压力、出口压力、燃料一级泵出口压力、燃料一级泵至燃料阀压力损失、燃烧室室压、燃料阀出口至燃烧室管路压力损失（包括冷却通道压力损失）。

在建立带阀液体管路数学模型时，假设：①阀门为瞬时作动；②管路中液体为一维不可压缩流。

带阀液体管路数学模型与液体管路数学模型类似，只是在建立模型时，设置了阀门开启时间。阀门开启之前，通过带阀液体管路的流量为零；阀门开启之后，带阀液体管路数学模型与液体管路数学模型相同，如式(2-23)所示。

$$\begin{cases} q_v = 0, & t < t_v \\ L_v \dfrac{\mathrm{d}q_v}{\mathrm{d}t} = P_i - P_e - \alpha_v q, & t \geqslant t_v \\ q_{fv} = F_v q_v \end{cases} \qquad (2\text{-}23)$$

式中，L_v 为液体的惯性流阻系数；α_v 为管路的流阻系数；q_v 为流经带阀液体管路的质量流量；F_v 为阀门开启故障因子，$0 < F_v < 1$；正常时 $F_v = 1$。

2.5　发动机故障仿真结果分析

以液氧煤油火箭发动机为例，基于液体火箭发动机各组件模型进行故障仿真分析。发动机系统的监测参数包括压力、温度、流量、转速和功率等多种类型，表 2-5 给出了该系统部分监测参数的名称和符号说明。表 2-6 给出了仿真分析的故障模式列表。

表 2-5　部分监测参数表

序号	参数	符号	序号	参数	符号
1	氧化剂预压泵流量	q_{ppo}	14	燃料一级泵入口压力	P_{ipf1}
2	氧化剂泵流量	q_{po}	15	燃料一级泵出口压力	P_{epf1}
3	燃气发生器入口氧化剂流量（氧化剂管路主阀）	q_{og}	16	燃料二级泵入口压力	P_{ipf2}
4	燃烧室入口富氧燃气流量	q_{oc}	17	燃料二级泵出口压力	P_{epf2}
5	燃料一级泵流量	q_{pf1}	18	燃料预压泵入口压力	P_{ippf}
6	燃料二级泵流量	q_{pf2}	19	燃料预压泵出口压力	P_{eppf}
7	燃料预压泵流量	q_{ppf}	20	主涡轮转速	n_t
8	燃烧室入口燃料流量	q_{fc}	21	液涡轮转速	n_{tppf}
9	燃气发生器入口燃料流量（流量调节器流量）	q_{fg}	22	氧化剂预压涡轮转速	n_{tppo}
10	氧化剂预压泵入口压力	P_{ippo}	23	燃气发生器压力（主涡轮入口压力）	P_g
11	氧化剂预压泵出口压力	P_{eppo}	24	燃烧室压力	P_c
12	氧化剂泵入口压力	P_{ipo}	25	燃烧室温度	T_c
13	氧化剂泵出口压力	P_{epo}			

表 2-6　液氧煤油发动机故障仿真

序号	仿真故障名称	序号	仿真故障名称
1	氧化剂泵泵前管路泄漏	11	燃料预压涡轮转子破坏、涡轮叶片烧蚀
2	氧化剂泵泵前管路堵塞	12	燃料预压涡轮轴承卡住
3	氧化剂泵气蚀	13	燃料预压涡轮叶片断裂、氧涡轮轮缘脱落
4	氧化剂阀门开启故障	14	燃料一级泵泵前管路泄漏
5	发生器燃气泄漏	15	燃料一级泵泵前管路堵塞
6	主涡轮转子破坏、涡轮叶片烧蚀	16	燃料一级泵气蚀
7	主涡轮轴承卡住	17	燃料二级泵泵前管路泄漏
8	主涡轮叶片断裂、氧涡轮轮缘脱落	18	燃料二级泵泵前管路堵塞
9	燃烧室燃气泄漏	19	燃料二级泵气蚀
10	喉部烧蚀	20	燃料阀门开启故障

图 2-6 给出了氧化剂泵气蚀的仿真实例，此时氧化剂泵气蚀的故障因子设置为 0.9，图中右上角曲线标号对应表 2-5 给出的监测参数。

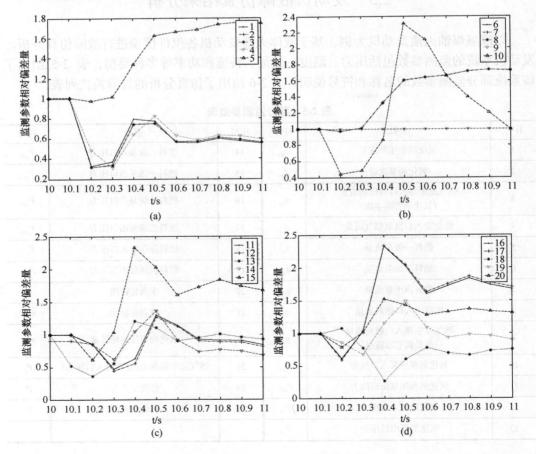

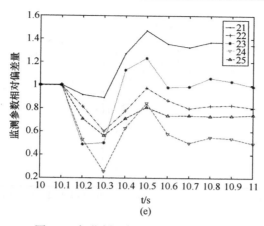

图 2-6　氧化剂泵气蚀故障的过渡特性

从图 2-6 中可以看出，氧路流量均大幅偏低，氧化剂预压泵入口压力上升，氧化剂预压泵出口压力下降，氧泵入口压力和出口压力偏低，燃料一级泵入口压力下降，燃料二级泵的出口压力上升，燃料二级泵入口压力上升，燃料二级泵出口压力上升，燃料预压泵入口压力下降，燃料预压泵出口压力下降，主涡轮转速偏高，燃料预压涡轮转速偏高，氧化剂预压涡轮转速降低，燃气发生器压力、燃烧室压力和燃烧室温度都偏低。这些参数的变化特征为故障诊断技术的研究提供了重要基础。

图 2-7～图 2-11 为部分故障仿真结果。图 2-7 为燃烧室喉部烧蚀故障(故障因子设置为 50)的过渡特性；图 2-8 为燃烧室燃气泄漏故障(故障因子设置为 10)的过渡特性；图 2-9 为氧泵前管路堵塞故障(故障因子设置为 50)的过渡特性；图 2-10 为氧泵前管路泄漏故障(故障因子设置为 0.5)的过渡特性；图 2-11 为氧主阀开启故障(故障因子设置为 0.5)的过渡特性。

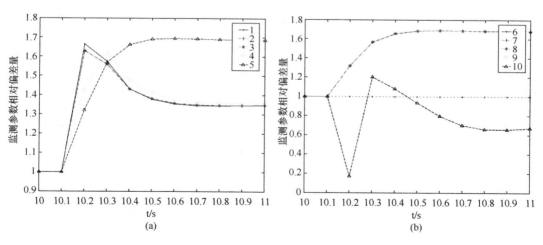

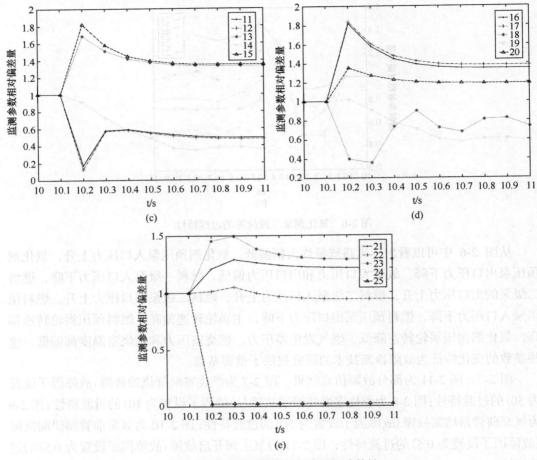

图 2-7 燃烧室喉部烧蚀故障的过渡特性

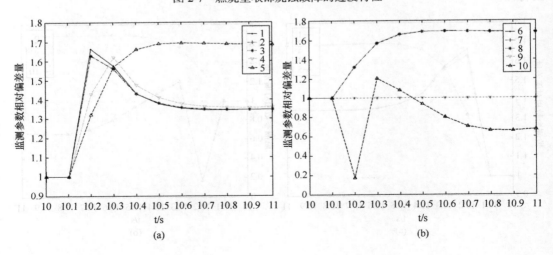

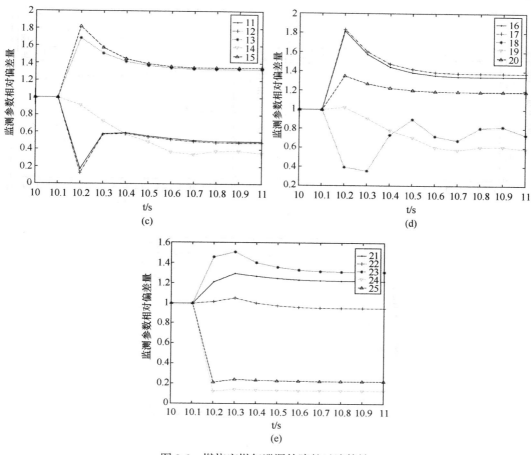

图 2-8 燃烧室燃气泄漏故障的过渡特性

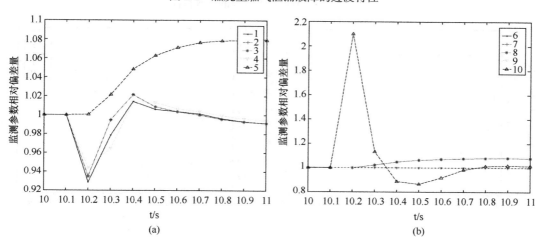

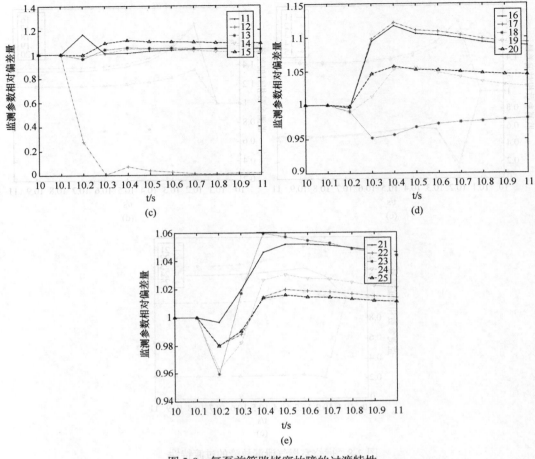

图 2-9　氧泵前管路堵塞故障的过渡特性

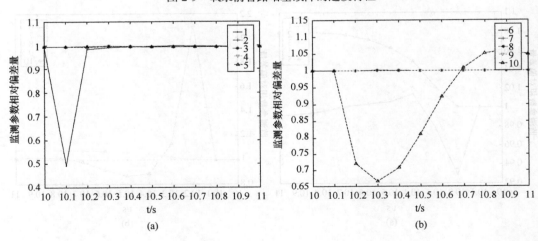

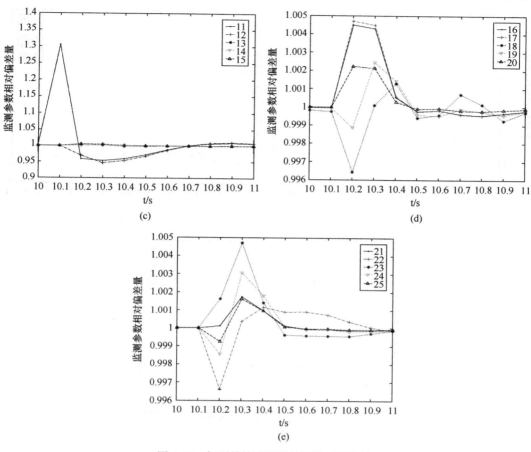

图 2-10 氧泵前管路泄漏故障的过渡特性

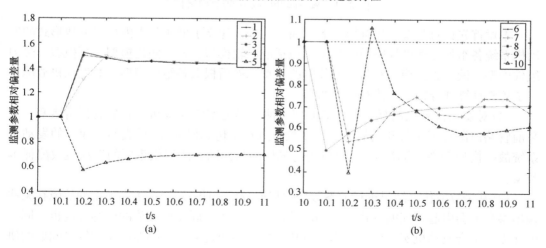

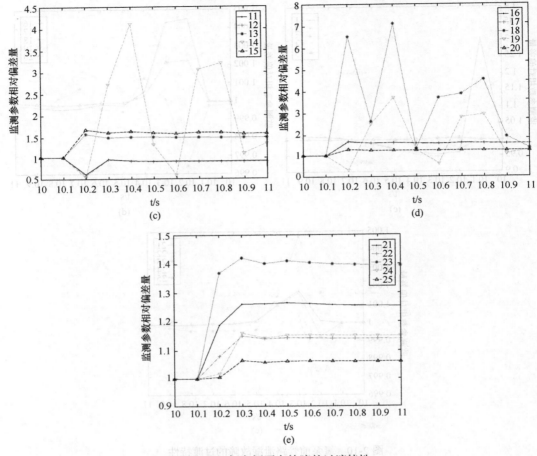

图 2-11　氧主阀开启故障的过渡特性

　　本章首先针对某型高压补燃液氧煤油发动机，建立了低频范围内集中参数形式的发动机系统各组件非线性故障数学模型，包括液涡轮模型、燃气涡轮模型、泵模型、热力组件模型、液体管路模型和带阀液体管路模型，然后根据各组件模型，对发动机故障进行了仿真计算和分析，具体有以下两点。

　　(1)对发动机氧化剂泵、燃烧室喉部烧蚀、燃烧室燃气泄漏、氧泵前管路堵塞、氧泵前管路泄漏和氧主阀开启故障等主要故障进行了仿真研究。结果表明所建立的发动机系统故障模型合理、方法可行，可以为故障检测与诊断方法提供重要的发动机故障样本数据。

　　(2)基于故障仿真结果进行的参数变化特征分析表明，发动机不同类型的故障在某些输出参数上会引起相同的变化，而相同输出参数对于不同类型故障的敏感程度也不同，因此需要结合发动机实际试车数据进行故障检测参数选取、传感器优化配置等问题的研究，为发动机故障检测与诊断提供合理判断和区分的依据。

第3章　基于统计分析的发动机故障检测算法

3.1　引　言

目前，我国在液体火箭发动机中主要采用红线算法进行故障检测。美国在 20 世纪 90 年代中期以前也采用这类算法。虽然这类算法已在实际中发挥了比较有效的安全保护作用，但其采用的门限故障检测算法比较简单，故障覆盖面有限，不能检测出早期故障。另外，这类算法孤立地监测各个参数，极易因传感器故障而发生故障误检测。

液体火箭发动机的启动工作过程是一个强非线性瞬变过程，所涉及的工作过程非常复杂，运行时间较短，各种参数变化剧烈。液体火箭发动机的稳态工作过程是一个缓变过程，发动机运行状态稳定，各参数相对平稳。尽管如此，建立该过程的精确数学模型还是一项比较困难的任务，同时求解也十分耗时。因此，对该过程所发展的基于数学模型的故障检测算法，其实时性较差。若应用专家系统和定性推理等算法，则存在知识获取困难、运行效率低、自学习能力差等缺点。

实际中多次出现了故障的误检测或漏检测情况，液体火箭发动机研制和试验部门都认为研制发展新的发动机地面试车故障检测系统十分必要。本章的工作就是在这样的工程应用背景下进行的，其目的在于满足我国液体火箭发动机试验部门的需要，发展立足于现有的数据采集系统、能在近期内应用于液体火箭发动机地面试车的故障检测算法。

数据统计算法主要依据数据是否满足正常情况下的统计特性来进行故障检测，其简单可靠，得到了广泛应用。在液体火箭发动机的地面试车中已积累了大量的试车数据，这对应用数据统计算法是极为有利的。本章根据现有的数据测量系统情况，研究了基于数据统计的故障检测算法。首先介绍故障检测的统计学模型，然后提出自适应阈值算法（Adaptive Thresholds Algorithm，ATA），并进一步考虑参数之间的相关性，提出自适应相关算法（Adaptive Correlation Algorithm，ACA）。另外，还提出一种针对发动机瞬变过程的包络线故障检测算法。最后，对几个算法进行了分析比较。

3.2　故障检测统计学基础

令 $(X_t)_{t \geqslant 1}$ 是 m 维的被检测序列，它具有如下结构：

$$X_t = \theta_t + e_t \tag{3-1}$$

式中，θ_t、e_t 分别为测量参数的均值和误差，e_t 具有零均值。假设 θ_t 已知，e_t 的分布为 D，则故障检测问题可以用式（3-2）来描述，即

$$\begin{cases} e_t 服从分布D, & t < t_0, \quad 正常 \\ e_t 不服从分布D, & t \geqslant t_0, \quad 故障 \end{cases} \quad (3\text{-}2)$$

检验随机变量是否服从某个分布,必须利用具有一定容量的样本进行分布假设检验。分布假设检验的算法比较复杂,对于发动机地面试车的故障检测,由于监测参数比较多,采用分布假设检验方法的计算量太大。虽然在 e_t 为独立的正态分布假设下,对测量值均值发生变化的那些故障,已发展了许多方法,如序贯概率比检验方法(Sequential Probability Ratio Test,SPRT)、广义似然比方法(Generalized Likelihood Ratio Test,GLR)、累积和算法(Cumulative Sum Algorithm,CSA)、χ^2-SPRT 方法、χ^2-CSA 方法等,这些算法能够减小计算量,但测量参数的测量误差一般都不满足独立假设,也不严格服从正态分布。为此,还要利用模型和基于模型的残差生成方法等其他手段,得到符合这些方法适用条件的被检测序列。如前所述,目前尚缺乏满足实时要求的液体火箭发动机模型。因此,在地面试车的故障检测中暂时还不宜采用这些方法。

由切比雪夫不等式等概率不等式可知,对于具有有限数学期望和有限方差的随机变量,其取值依给定的概率位于其数学期望附近与此概率有关的一个区间之内。于是可以由测量参数是否位于某个区间 C 之内来进行故障检测,即

$$\begin{cases} e_t \in C, & t < t_0, \quad 正常 \\ e_t \notin C, & t \geqslant t_0, \quad 故障 \end{cases} \quad (3\text{-}3)$$

式中,C 为正常区间。由于当 e_t 的分布发生改变时,其值仍然可能位于正常区间,因此式(3-3)检测故障的能力一般不如式(3-2)。但因其计算简单,在实际中仍得到大量的应用。例如,红线关机系统中的门限故障检测算法和 SAFD 算法都采用了此检测模型。前者的检测参数较少,且区间 C 是固定的;而后者检测了更多的参数,同时正常区间 C 具有一定的自适应变化能力。本章所提出的算法都采用了该检测模型。

3.3 自适应阈值故障检测算法

3.3.1 算法原理

阈值的设置,对门限故障检测方法的敏感性和可靠性影响都很大。目前,液体火箭发动机大多还是一次性使用发动机,进行不同台次热试车的发动机通常都不是同一台发动机。由于制造等方面的原因,同种型号但不同批次的发动机之间存在着性能方面的差异,即使是 SSME 这类部分可重复使用的发动机,由于技术水平的限制,也还存在一些易损部件,它们在完成一次飞行任务后也需要被拆卸、修理、更换等。即便同一台发动机,由于参数调整,在不同台次的试车中也可能表现出发动机性能的差异。另外,在试车过程中,测量参数的测量值还可能受环境和测试系统等影响,在统计性质方面表现出变化。这些原因使得在用门限方法进行故障检测时,如果采用固定的门限值,就必须将正常区间设置得比较大,以减少检测系统的误检率。然而,正常区间的增大,又会使故障检测发生较大的延迟,降低了对故障的敏感性,增大了故障漏检的可能性。因此,对于液体

火箭发动机地面试车，自适应阈值故障检测算法是一种提高检测系统性能的可行方法。

3.3.2　计算阈值的基本方法

设 x 为发动机稳态工作期间测量参数的测量值，它显然为一个随机变量。在正常情况下，其方差 $D(X)=\sigma^2<\infty$ ，数学期望 $E(X)=\mu<\infty$ 。由切比雪夫不等式，对任意 $n>0$ ，有

$$P(|x-\mu|\geqslant n\sigma)\leqslant\frac{1}{n^2} \tag{3-4}$$

由式(3-4)可知，对给定的误检概率 α ， x 的最大和最小阈值由式(3-5)和式(3-6)给出，即

$$|x-\mu|\leqslant n\sigma \tag{3-5}$$

$$n=\frac{1}{\sqrt{a}} \tag{3-6}$$

即参数 x 的正常区间由式(3-7)描述：

$$[\mu-n\sigma,\mu+n\sigma] \tag{3-7}$$

由于式(3-4)对任意具有有限数学期望和有限方差的随机变量都成立，所以式(3-7)所确定的正常区间为最大的正常区间，且是一个有限的区间。发动机试车测量值的样本是有限的，可将其延拓为具有有限均值和方差的某种分布。因此，我们总可以得到一个形如式(3-7)，且小于由切比雪夫不等式确定的区间的正常区间，其带宽系数 n 由其本身的分布规律确定。

1. 自适应阈值计算方法

自适应阈值随测量参数的实际情况自动变化。具体地，在式(3-7)中，利用由参数测量值进行实时计算得到的测量值方差、均值和带宽系数，就能获得自适应阈值。由于对带宽系数进行计算，其前提是必须首先得到测量值的分布函数，而这在实时在线工作条件下，是相当困难的。因此，本节只考虑测量参数的方差和均值的自适应计算。

发动机在稳态工作过程中，测量参数的均值和方差分别用式(3-8)和式(3-9)估计，即

$$\bar{X}^N=\frac{1}{N}\sum_{i=1}^{N}X_i \tag{3-8}$$

$$\hat{s}^N=\frac{1}{N-1}\sum_{i=1}^{N}(X_i-\bar{X}^N)^2 \tag{3-9}$$

式中， X_i 为时刻 i 的测量值； $\bar{X}^N$ 、 $\hat{s}^N$ 分别为测量参数均值和方差在时刻 N 的估计值。

显然，这两个计算式都需要利用当前时刻以前所有的测量数据，不但随时间的推移需要大量的计算机存储空间，而且每次都要对所有采样时刻的数据进行重复计算，计算量非常大，无法满足算法在线估计均值和方差的实时性要求。如果采用两者的递推估计公式，即

$$\overline{X}^{N+1} = \overline{X}^N + \frac{X^{N+1} - \overline{X}^N}{N+1} \tag{3-10}$$

$$\hat{s}^{N+1} = \frac{N-1}{N}\hat{s}^N + \frac{(X_{N+1} - \overline{X}^N)^2}{N+1} \tag{3-11}$$

则只需利用当前测量数据和前一时刻的估计值，就可以求得当前时刻的均值和方差，不需要很多存储空间，计算量也可大为减少。

将式(3-10)和式(3-11)代入式(3-7)，便可以得到自适应参数阈值。由此得到 t_N 时刻测量参数 x 的正常区间为

$$M^N : [\overline{X}^N - n\hat{s}^N, \overline{X}^N + n\hat{s}^N] \tag{3-12}$$

对于不同台次、不同工况的发动机试车而言，发动机的测量参数 x 不可能完全相同，一定会存在着变化波动。因此，阈值不能根据某一次试车而固定，那样会造成很高的误报警率。因此，在式(3-12)中引入综合系数 c_i，来降低发动机的这种非线性行为所引起的误报警率，那么 t_N 时刻测量参数 x 的正常区间为

$$M^N : [\overline{X}^N - n\hat{s}^N - c_i/2, \overline{X}^N + n\hat{s}^N + c_i/2] \tag{3-13}$$

2. 带宽系数的训练

在式(3-7)中，除测量参数的均值和方差外，带宽系数也是确定阈值的重要因素。当已知参数测量值的统计分布规律时，带宽系数的取值可由测量值统计分布的分位数来计算。对某低温推进剂液体火箭发动机地面试车测量数据进行了大量统计与分析，结果表明，在发动机稳态工作期间，大部分测量数据服从正态分布。但是，由于受各种内外干扰因素影响，测量数据中存在较多的数据野点，使得不同的测量参数及不同试车的相同测量参数，其测量值的统计分布存在着较大的差别。大量的数据野点会使参数分布偏离正态，变成每次试车都有差别的未知分布。因此，不能简单地根据正态分布假设来设置参数的带宽系数，也难以在理论上根据未知的参数分布来设置其值。有时不同参数的野点会同时出现，带宽系数设置不当，很容易使多个参数超出正常区间，从而出现故障误检测。

为此，设计了一种快速有效地确定带宽系数的训练算法。其思想是首先根据正态分布的 99.73%置信区间，将带宽系数设定为 3，即 $n=3$。然后用正常试车数据对算法进行训练，如果出现故障误检测，则参数依据超出阈值次数的多少以及参数超出阈值的大小来对参数的带宽系数进行调整。其中，超出阈值次数最多和次数最少的参数，其带宽系数调整量小，超出阈值次数处在中间的参数，其调整量大。具体的训练算法如下。

(1)记录在某一阶段各个参数超出其阈值的次数 M_i，并找出最大值 $M_{\max}$。

(2)计算超出阈值参数的规范化偏差值的平均值，即

$$f_{ji} = \frac{1}{M_i}\sum_{k=1}^{M_i}\frac{|P_{k,ji} - P_{ji}|}{S_{ji}} \tag{3-14}$$

式中，$j=1,2,3$，表示算法的三个阶段；i 代表第 i 个被检测参数；P_{ji} 和 S_{ji} 分别为各阶段

参数测量值的平均值与标准偏差；$P_{k,ji}$ 为超出门限的参数滑动平均值。

(3) 如果在此阶段出现异常报警，则按式 (3-15) 调整各带宽系数，即

$$n_{ji} = n_{ji}^0 + \frac{1}{2} F\left(\frac{M_i}{M_{\max}}\right)(f_{ji} - n_{ji}^0) \tag{3-15}$$

式中，n_{ji} 为调整后的带宽系数；n_{ji}^0 为调整前的带宽系数；函数 $F(\cdot)$ 用于根据参数超出阈值的次数控制参数调整量的相对大小；否则转步骤 (5)。

(4) 重启算法进行这一阶段的训练，重复步骤 (1)、(2)、(3) 直到不出现误检测。

(5) 如果有很大的带宽系数，将之适当减小，转步骤 (3)；否则进行下一阶段的训练。

训练完毕，就可得到对各次用于训练的正常试车不出现误检测的带宽系数值。由此算法得到的带宽系数并不是最优的，甚至由于只用训练试车数据进行检验，还有可能偏小。因此，在对液体火箭发动机进行故障检测时，通常不直接使用该算法训练得到的带宽系数。

根据式 (3-12) 的实际计算结果发现，对于试车期间比较平稳的测量参数，随着试车时间的推移，测量参数的方差会不断减小。因此，如果将短时间试车得到的带宽系数用于长时间试车的故障检测，则会出现误报警；反之，则会出现漏报警。一般来讲，发动机地面试车时间是事先设定的，在试车期间不会改变。因此，在实际应用中，本节根据发动机试车时间长短的不同对带宽系数分别进行训练。策略如下：根据历史试车数据库中发动机试车时间长短将数据进行分组，假设有 k 组，分别用这 k 组数据使用上述算法对带宽系数进行训练，得到 k 组带宽系数 $n_1, \cdots, n_k$，在每次地面试车前，根据预定的试车时间，选择相应的带宽系数。

3. 综合系数的确定

综合系数 c_i 反映的是不同台次、不同工况发动机试车之间同一参数的非线性差别。采用如下方法对综合系数 c_i 进行训练，即取 h 组试车时间相同的发动机数据，分别计算该参数稳态运行期间一段数据的均值 $l_1, \cdots, l_h$，则

$$c_i = \max(l_1, \cdots, l_h) - \min(l_1, \cdots, l_h) \tag{3-16}$$

采用这种方法得到的阈值，对于新的试车数据适用性较好，在实时在线检测情况下能够有效地避免算法出现误报警。

4. 故障数据对阈值影响的消除

在对某型液体火箭发动机历史试车数据进行分析时发现，自适应阈值故障检测算法若不剔除故障数据（包括单路传感器异常数据）的影响，将会导致算法的检测阈值自适应地随故障数据变化而变化的现象。为避免出现这种现象，采用如下策略消除故障数据对阈值的影响。

设 t_N 时刻参数 x 的均值和方差分别为 $\bar{x}^N$ 和 $\bar{s}^N$，根据式 (3-13) 计算的自适应阈值区间为 M^N。如果此时参数的实时值落在 M^N 之内，则分别根据式 (3-10) 和式 (3-11) 对 t_N 时刻的均值和方差进行更新，再对自适应阈值区间进行更新；如果此时的参数实时值落

在 M^N 之外，则 t_N 时刻参数的均值和方差分别取为 $\bar{x}^N = \bar{x}^{N-1}$，$\bar{s}^N = \bar{s}^{N-1}$，即不根据式(3-10)和式(3-11)对均值和方差进行更新，从而也不对自适应阈值区间进行更新。

为了验证该方法的有效性，人为设置 Test-002 试车中 Pepfl 参数的异常数据，图 3-1和图 3-2 给出了消除单路传感器异常数据影响之前和之后的阈值自适应变化情况。从图 3-1 和图 3-2 可以看出，改进后的算法能有效地避免阈值随故障数据的自适应变化，提高了算法的有效性。

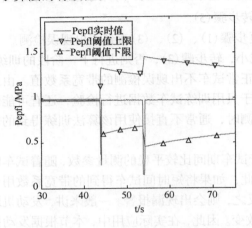 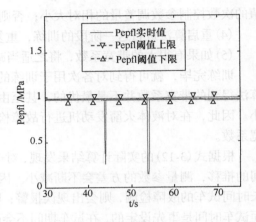

图 3-1　清除异常数据影响前的阈值变化情况　　图 3-2　消除异常数据影响后的阈值变化情况

通过考虑消除故障数据对阈值的影响，还可以避免在故障情况下参数的阈值自动变宽所造成的检测时间延迟。

以 Test-002 试车参数 ntppo 的检测为例，图 3-3 给出了检测阈值随故障数据自适应变化的检测曲线，图 3-4 为消除故障数据对检测阈值影响后的检测曲线。对比图 3-3 和图 3-4 可以看出，参数 ntppo 发生故障以后，图 3-3 中的检测阈值明显大于图 3-4 中的检测阈值，而图 3-4 中的检测阈值几乎不受故障数据的影响。因此，报警时间有所提前。消除故障数据对阈值的影响，尤其对于那些变化相对较缓慢的故障而言，其检测效果将更加明显。

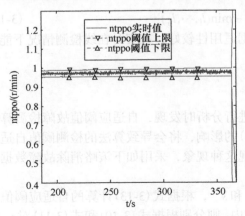 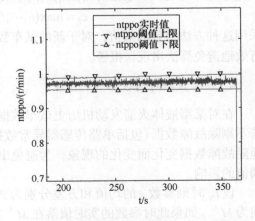

图 3-3　检测阈值随故障数据自适应变化的检测曲线　　图 3-4　消除故障数据对检测阈值影响后的检测曲线

5. 算法的故障检测过程

因检测算法在发动机启动过程或其他瞬变过程结束时刻才开始工作, 此时尚无足够的稳态过程测量数据, 无法求得参数均值和方差; 同时, 均值和方差的估计对样本容量也有一定的要求, 这都使得检测算法不能从一开始就采用递推方法来估计阈值。因此, 在计算参数阈值时, 分三个阶段进行。

算法开始的最初 Δt_1 秒为第一阶段, 采用从不同台次发动机正常试车数据统计所得到的瞬变过程结束时刻的参数均值和方差来计算阈值; 接下来的 Δt_2 秒为第二阶段, 采用的方差与第一阶段相同, 均值则采用由第一阶段实时估计的参数均值; 最后的 Δt_3 是第三阶段, 持续到一个稳态过程或检测算法的结束时刻, 采用由递推计算得到的参数均值和方差。

设发动机的试车时间为 t 秒。在发动机启动完成进入稳态阶段之后的前 Δt_1 秒(如 $3\sim 5s$)内, 因为启动过程刚刚结束, 各个参数还不够稳定, 因此使用固定阈值算法检测发动机故障。此时的初始阈值是通过发动机历史试车数据训练得到的, 采用不同台次(具有相同试车时间)发动机正常试车数据进入稳态阶段某时刻(如 4s)的均值和方差。

在接下来的 Δt_2 秒(如 $5\sim 10s$)内, 如果没有检测到参数异常, 采用的方差与第一阶段相同, 均值则根据式(3-10)自适应地更新, 再根据式(3-14)自适应地更新阈值。否则, 不对信号的均值及其阈值进行更新。这一阶段内不对参数的方差进行自适应更新, 其原因是这段时间内发动机的数据还不够稳定, 方差的变化较大, 不便在发动机故障检测中使用。

之后的 Δt_3 秒($10\sim t\,s$), 若没有检测到参数异常, 则继续对均值进行自适应更新, 同时根据式(3-11)对参数的方差进行自适应更新, 然后根据式(3-13)自适应更新阈值。否则, 不对信号的均值、方差及阈值进行更新。

6. 故障检测逻辑

在计算出各参数的阈值以后, 检测算法分两个层次检测发动机的故障。第一层次是参数的门限检测, 即检测各个参数测量值是否在各自的正常区间之内。为了减小测量噪声和随机干扰的影响, 用参数测量值的滑动平均值来进行门限检测。第二层次是发动机的故障检测, 采用两个检验准则并综合所有参数在一段时间内的状况来进行。其一是多参数检验准则, 只有当同时出现多个不在正常区间内的参数时才认为系统可能出现异常情况; 其二是持续性检验准则, 只有连续出现多次可能的异常情况才判断系统出现了故障。

多参数检验准则的参数个数、持续性检验准则的持续次数对算法的性能影响较大。取值过大, 容易出现漏检测或检测时间延迟; 反之, 则极易出现误检测。它们的取值在仔细分析发动机故障模式和测量参数的分布规律基础上才能具体确定。

3.4　自适应相关故障检测算法

ATA 算法虽然检测多个参数，但在故障检测过程中将各个参数分别处理，简单地通过多参数检验准则综合多个传感器的信息，因此，需要分别确定每个参数的阈值和多参数检验准则中参数个数等多个算法控制参数。另外，测量参数不仅在物理上互相关联，同时统计分析表明发动机参数的测量值之间还存在一定的相关关系，但 ATA 算法对此未作考虑。本节将使用 Mahalanobis 距离来综合多参数信息，并以此作为一个综合的故障检测指标，提出自适应相关故障检测算法，以克服 ATA 算法存在的不足。

3.4.1　算法原理

1. 算法的提出

在正常情况下，发动机试车中所测参数向量的测量值 X 一般为 m 维正态分布随机向量，其均值为 M，协方差为 $C = \mathrm{Cov}(X)$，概率密度函数为

$$f(X) = \frac{1}{\sqrt{(2\pi)^m |C|}} \mathrm{e}^{-\frac{1}{2}(X-M)^{\mathrm{T}} C^{-1}(X-M)} \tag{3-17}$$

X 在正常情况下的 Mahalanobis 距离 d 可由式(3-18)计算得出，即

$$d^2 = (X-M)^{\mathrm{T}} C^{-1}(X-M) \tag{3-18}$$

当 C 等于单位矩阵 I 时，d 化为 Euclidean 距离。由式(3-17)可知，与均值距离相等的点处于概率密度函数的等高面之上。

d^2 可以用于度量发动机试车中大量测量数据偏离正常均值的程度。在正常情况下，d^2 应小于某个阈值，此阈值决定了测量参数向量的正常区间。d^2 超出此阈值就偏离了正常区间，可以认为发动机出现了故障。这就是本节所提故障检测算法的基本原理。此算法考虑了测量参数之间的相关关系，将各个监测参数的状况综合成为一个指标，可以避免分别确定每个测量参数的阈值和多参数检验准则中测量参数个数的困难出现。

Mahalanobis 距离的计算并不要求测量参数服从正态分布，而只要求其存在二阶矩，在 3.2 节中已指出，这一般是可以满足的。因此，对于非正态分布的情况，仍然可以采用这种算法。

2. d^2 的自适应计算

实际中，只能利用测量参数向量均值和协方差矩阵的估计值来计算 d^2。因为历史试车数据表明，同类或同型号发动机在稳态过程正常工作时，试车数据一般具有平稳、各态遍历性，所以实际应用中，均值和协方差等都采用在时间轴上的估计值，即

$$\bar{X}^N = \frac{1}{N} \sum_{i=1}^{N} X_i \tag{3-19}$$

$$\hat{C}^N = \frac{1}{N-1} \sum_{i=1}^{N} (X_i - \bar{X}^N)(X_i - \bar{X}^N)^{\mathrm{T}} \tag{3-20}$$

式中，X_i 为参数向量的第 i 次采样测量值；$\bar{X}^N$ 和 $\hat{C}^N$ 分别为均值和协方差的估计值。

　　这种利用所有测量数据的一次估计公式，随时间推移不但需要大量的存储空间，而且每次都要对所有采样时刻的数据进行重复计算，计算量非常大，无法满足算法在线估计向量均值和协方差矩阵的实时性要求。为此，推导出多维随机变量向量均值和协方差矩阵的递推估计公式，即

$$\begin{aligned}
\bar{X}_{N+1} &= \frac{1}{N+1} \sum_{i=1}^{N+1} X_i = \frac{1}{N+1} \left(\sum_{i=1}^{N} X_i + X_{N+1} \right) \\
&= \frac{1}{N+1} (N\bar{X}^N + X_{N+1}) = \bar{X}^N + \frac{1}{N+1} (X_{N+1} - \bar{X}^N)
\end{aligned} \tag{3-21}$$

$$\begin{aligned}
\hat{C}^{N+1} &= \frac{1}{(N+1)-1} \sum_{i=1}^{N} (X_i - \bar{X}_{N+1})(X_i - \bar{X}_{N+1})^{\mathrm{T}} \\
&= \frac{N}{N+1} \hat{C}^N + \frac{1}{N+1} (X_{N+1} - \bar{X}^N)(X_{N+1} - \bar{X}^N)^{\mathrm{T}}
\end{aligned} \tag{3-22}$$

式中，$\hat{C}^N$ 的初值（$N=1$）可取为维数为 m 的任意方阵。利用递推估计公式，每次采样后只需利用当前采样的数据对估计值进行一次更新，不需要很多存储空间，计算量也显著减小。

　　但是，在计算 Mahalanobis 距离时，需要的是协方差矩阵的逆而不是协方差矩阵本身。如果每次先用式(3-22)求协方差矩阵然后再求其逆，总共需要进行约 $n^2 + n + n^2(n-1)/2$ 次乘法运算（考虑了协方差矩阵的正定对称性），而计算 d^2 值时又另需 $n(n+1)$ 次乘法运算，如此对实时计算而言，测量参数较多时计算量仍然很大。因此，推导出协方差矩阵逆的递推公式，即

$$\hat{C}_N^{-1} = a \left(\hat{C}_N^{-1} + \frac{Y_{N+1} Y_{N+1}^{\mathrm{T}}}{b + d_{N+1}^2} \right) \tag{3-23}$$

式中，$Y_{N+1} = \hat{C}_N^{-1}(X_{N+1} - \bar{X}^N)$；$\hat{C}_N^{-1}$ 为协方差矩阵逆的第 N 次递推估计值；$a = \dfrac{N}{N-1}$；$b = \dfrac{N^2 - 1}{N}$；$d_{N+1}^2 = (X_{N+1} - \bar{X}^N)^{\mathrm{T}} Y_{N+1}$。

　　利用协方差逆矩阵的递推估计公式，并考虑协方差矩阵的对称性，可将计算协方差矩阵逆的乘法次数减少到约 $2n(n+1)$ 次。同时，在递推过程中，所计算的 d_{N+1}^2 就是当前测量数据相对前一次估计的向量均值的 Mahalanobis 距离的平方。因此，不需要另外计算 d^2 的值。

　　利用式(3-23)计算协方差矩阵的逆，开始时应该给出协方差矩阵逆的初值。具体有以下几种设置初值的方法。

(1)首先利用式(3-22)计算协方差矩阵,至少经过 m 步以后,计算其逆作为初值,然后转而由式(3-23)计算。

(2)首先不考虑参数的相关性,利用式(3-11)计算各个参数的方差估计值,若干步后,求它们组成对角矩阵的逆并将其作为协方差矩阵的初值。

(3)将由历史数据统计分析得出的协方差矩阵的逆,作为协方差矩阵逆的初值。

3. d^2 的分解及修正

Mahalanobis 距离有时会夸大变化微小的变量对 d^2 的贡献,而且它反映所有测量参数偏离正常值的综合信息,个别测量参数的异常,有时也可能造成很大的 d^2 值,这使得检测算法对个别参数出现大的测量误差非常敏感,一两个参数的单独变化就可能使检测算法作出发动机发生故障的判断。如果直接利用 d^2 进行检测,就会出现故障的误检测。为了提高检测算法的鲁棒性,对 d^2 值进行修正以减少个别参数的测量野点对检测算法的影响。其思想类似于各类竞赛中"去掉最高、最低分"的原则。

对 d^2 值进行如下分解:

$$d^2 = \sum_{j=1}^{n} \sum_{i=1}^{n} c_{ij} z_i z_j = \sum_{i=1}^{n} m_i \tag{3-24}$$

式中, $m_i = \sum_{j=1}^{n} c_{ij} z_i z_j = y_i z_i$; y_i 为 Y 的第 i 个元素; z_i 为第 i 个测量参数与其均值的差; c_{ij} 为 $\hat{C}_N^{-1}$ 的元素。如果令

$$z_j = 0, \quad j = 1, 2, \cdots, m; j \neq i \tag{3-25}$$

则

$$d^2 = a_i = 2m_i - z^2 c_{ij} \tag{3-26}$$

式中, a_i 是只考虑参数 i 发生变化时的 d^2 值。可见, a_i 近似反映了测量参数 i 对 d^2 的贡献,每次计算 d^2 值时都对其进行分解,并找出其中 a_i 数值最大的两个分量,从 d^2 中去除它们的贡献,就得到修正的 d^2 值。假设参数 k、l 对 d^2 贡献最大,则 d^2 的修正公式为

$$d_m^2 = d^2 - a_l - a_k + 2c_{lk} z_l z_k \tag{3-27}$$

这样就得到一个 d^2 的修正值 d_m^2,用它作为故障检测算法的综合判断指标。以某次试车为例,在该次试车中,测量氧化剂预压涡轮泵转速(ntppo)的传感器有多次掉线情况且非常不稳定,如图 3-5 所示。

图 3-6 是未去除贡献最大的 2 个参数的检测曲线,而图 3-7 是采用了上述方法,从 d_m 中去除贡献最大的 2 个参数后的检测曲线。结果表明,这种修正方法既不会影响算法对故障的检测时间,又可以降低算法的误检率。在图中所使用的距离 d_m 由上述公式中的 d_m^2 开根计算得到,后续结果中都进行了相同的处理。图中,横坐标表示时间,纵坐标为 d_m 与阈值 d_{thr} 的比值(d_m / d_{thr})。

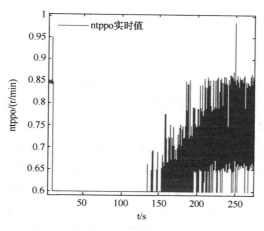

图 3-5　ntppo 参数测量曲线

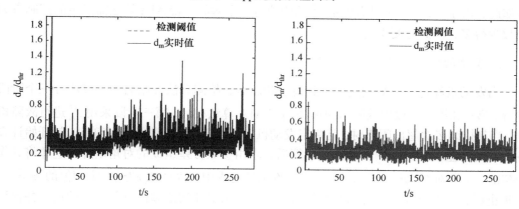

图 3-6　Mahalanobis 距离修正前的检测曲线　　图 3-7　Mahalanobis 距离修正后的检测曲线

4. d_m^2 的阈值

因测量参数向量 X 服从 m 维正态分布，在已知均值 $\bar{x}$ 和方差 $\hat{s}$ 时，d_m^2 服从自由度为 m 的 χ^2 分布 $\chi^2(m)$。因此，对于给定的误检概率 α，d_m^2 的阈值为 $\chi^2(m)$ 的上 $(1-\alpha)\times 100\%$ 分位数，即

$$d_{\text{thr}}^2 = x_{1-\alpha}^2(m) \tag{3-28}$$

实际中，均值 $\bar{x}$ 和方差 $\hat{s}$ 都是未知的，只能利用由测量参数样本得到的估计值来计算 d_m^2。此时，统计量服从 $F(m, N-m)$ 分布，即

$$F = \frac{N-m}{m(N-1)} d_m^2 \tag{3-29}$$

式中，N 为用于估计测量参数向量均值和协方差矩阵的样本容量。因此，d_m^2 的阈值为

$$d_{\text{thr}}^2 = \frac{m(N-1)}{N-m} F_{1-\alpha}(m, N-m) \tag{3-30}$$

式中，$F_{1-\alpha}(m, N-m)$ 为 $F(m, N-m)$ 的上 $(1-\alpha)\times 100\%$ 分位数。

由式 (3-30) 可见，d_m^2 的阈值随 N 而变化。这也提供了一种检测阈值自适应变化的机制。

当采用 d_m^2 进行故障检测时，去除贡献最大的两个变量相当于在计算 d^2 时令这两个变量与均值的差为零。这使统计量 F 的自由度减少了 2 个。因此，在采用式 (3-30) 计算阈值时，应将 m 减去 2。

对实际试车数据的计算表明，在信号比较平稳、测量野点比较少的时候，大部分 d^2 值小于理论阈值。然而，试车数据经常被一些较强的冲击型噪声所污染，有些参数达到稳态的时间比较长。在试车过程中发动机也可能存在一些小的状态变化，但又没有达到发生故障的程度。这些因素都使得测量数据不完全符合正态分布，也不具备完全的平稳性。因此，由理论确定的阈值往往偏小，阈值最终还是应该由历史的试车数据来确定。尽管如此，由于 ACA 算法只需确定 d_m^2 的阈值这一个参数，较 ATA 算法需确定的控制参数个数少得多，因此更便于实际应用。

5. 算法的故障检测过程

当发动机经过一个瞬变过程达到稳态状态后，检测算法开始启动。算法分三个阶段进行。第一和第二阶段的故障检测算法仍与 ATA 算法相同，第三阶段采用 d_m^2 进行故障检测，当其持续多次超出阈值时，就判定发动机出现故障。从算法开始时刻起，就开始计算各参数的方差，经过至少 m 次迭代计算后，求由参数方差组成的对角矩阵的逆并将其作为初值，不断对 $\hat{C}_N^{-1}$ 进行递推估计。在递推估计过程中，舍弃 d_m^2 超过一定阈值的测量点，以防止算法将野点或故障时的参数作为正常参数来更新均值和协方差矩阵的逆，并保证算法对故障的敏感性。执行上述过程的故障检测算法，称为 ACA 算法。

3.4.2　算法的验证与考核

在 ACA 算法的验证与考核过程中，共选取了 Pepf1、Pepf2、Pihfg、Pihog、nt、ntppf、Pcj23、Pej2、Pevfc、Piti、Fe、Pigc、Pihfc、PevjL 等 14 个测量参数作为检测向量，并以修正后的 Mahalanobis 值作为检测指标。

表 3-1 给出了用 ACA 算法对发动机试车数据进行验证与考核的结果。用发动机历史试车数据库中的 5 次试车数据对算法进行了有效性验证，对于 4 次正常的试车数据，算法没有出现误报警的情况；对于 1 次发动机额定工况故障试车数据，ACA 算法没有出现漏报警的情况，其故障检测结果如表 3-1 所示。由表 3-1 可知，对于 Test-001 次试车，ACA 算法与该型发动机目前所使用的红线关机系统以及 ATA 算法相比，故障检测时间都有一定的提前量。由此表明，挖掘并利用状态参数之间的相关性可以更有效、更及时地发现系统异常。

表 3-1　发动机稳态过程 ACA 算法检测结果

试车号	检测时段/s	红线关机系统算法/s	ATA 算法/s	ACA 算法/s
Test-001	[3.0~78.90]	78.90	78.70	78.60
Test-002	[288~400], [407~500],[507~580]	正常	正常	正常
Test-003	[288~400], [407~500],[507~580]	正常	正常	正常
Test-004	[3~300], [305~380]	正常	正常	正常
Test-005	[3~300], [305~380]	正常	正常	正常

图 3-8～图 3-10 给出了对发动机 3 次试车额定工况进行 ACA 算法检测的结果。可以看出，算法没有发生误报警。在部分检测结果中，虽有数点超出阈值的情况，但根据 d 持续 3 次超出阈值 d_{thr} 才报警的原则，可以判定并没有发生误检测。图 3-11 和图 3-12 给出了针对 Test-002、Test-003 次试车高工况高混合比(407~500s)进行 ACA 算法检测的结果。

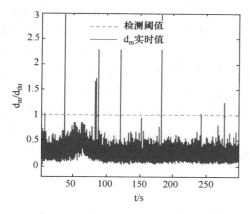

图 3-8　Test-004 次试车额定工况 ACA
算法检测曲线

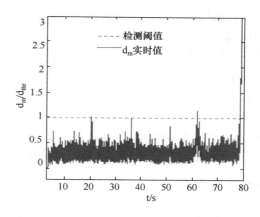

图 3-9　Test-001 次试车额定工况 ACA
算法检测曲线

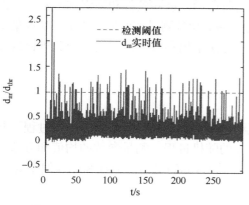

图 3-10　Test-005 次试车额定工况 ACA
算法检测曲线

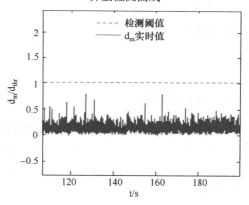

图 3-11　Test-003 次试车高工况高混合比 ACA
算法检测曲线

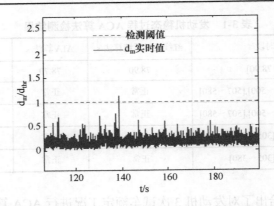

图 3-12　Test-002 次试车高工况高混合比 ACA 算法检测曲线

3.5　包络线算法

对液体火箭发动机瞬变过程进行故障检测是一个难题。目前，国内外在液体火箭发动机试验中基本上都是利用红线关机系统进行瞬变过程的故障检测，所采用的算法大都是基于静态或动态形式的非线性辨识模型。由于这些算法基本上是依赖几个主要测量参数，通过辨识模型去预测另外一些参数，然后以之与实测值比较来完成故障检测，计算量较大，一般只能检测少数几个关键参数。另外，在这些方法中，预测和被预测参数表现为"串联"关系，对各参数的测量可靠性要求高。本章提出一种基于数据驱动的包络线算法（Envelope Algorithm，EA），算法比较简单、直观，计算量较小，而且各参数"并联工作"，互不影响，离线检测结果已表明效果是比较好的。

3.5.1　算法的依据

因为发动机关键参数在瞬态过程中的变化规律主要由发动机系统的启动程序、变工况程序、系统中各种管路和活门的响应特性、燃烧室与燃气发生器的点火特性以及工作环境等因素决定，当发动机研制试验达到一定的阶段后，这些条件和因素基本不变。因而，在发动机试验时，同一参数的变化规律基本一致，参数测量值的散布不大，基本集中于某个由参数的阈值决定的包络以内。通过统计方法求出参数阈值，就可依此进行故障检测。

3.5.2　参数阈值的计算

瞬变过程参数阈值仍通过计算参数的均值和标准偏差来确定。与稳态工作过程不同的是，发动机启动过程和其他瞬变过程是非平稳的随机过程，测量参数的均值和方差随时间变化。根据正常试车数据，统计出各参数在不同时刻的平均值 $\bar{x}(t)$ 和标准偏差 $\hat{s}(t)$，则参数的阈值为

$$\bar{x}(t) \pm n\hat{s}(t) \tag{3-31}$$

式中，n 为由历史正常试车数据用 3.3 节中训练算法所确定的带宽系数；$\bar{x}(t)$ 和 $\hat{s}(t)$ 是用最小

二乘法拟合而成的分段多项式。

在一般情况下，选用如式(3-32)所示的 q 次代数多项式，即

$$\bar{x}(t) = f(t) = a_0 + a_1 t + a_2 t^2 + \cdots + a_q t^q = \sum_{p=1}^{q} a_p t^p \tag{3-32}$$

为了确定这个多项式，需要求出式(3-32)中的系数 $a_p(p=0,1,2,\cdots,q)$，使多项式对于数据组 $(t_j, \bar{x}_j)(j=1,2,\cdots,m)$ 有最好的拟合，一般取 $q<7$，且 $m>q+1$。求得 $\bar{x}(t)=f(t)$ 之后，就可以得到测量参数标准偏差关于时间 t 的拟合多项式 $\hat{s}(t)$。

由于随机因素的影响，燃烧室每次开始建压的时间 t_{P_0}（燃烧室压力达到某个值 P_0，并迅速增大的时刻）都不一致，当 t_{P_0} 与由 $\bar{x}(t)$ 得到的燃烧室平均开始建压时间 $\hat{t}_{P_0}$ 出现变化时，由于燃烧室开始建压后，大部分参数都迅速增大，参数值极易超出由式(3-31)计算出的固定正常区间，造成误检测，而如果增大带宽系数，又会使参数的正常区间变得过大，降低算法对故障的敏感性。可见，t_{P_0} 是影响算法性能的重要参数，必须加以仔细考虑。为此，在式(3-31)中引入在线估计的燃烧室建压时滞 $\tau = t_{P_0} - \hat{t}_{P_0}$，以使参数阈值具有根据燃烧室实际开始建压时间自动进行调节的能力。如此，式(3-31)变为

$$\bar{x}(t-\tau) \pm n\hat{s}(t-\tau) \tag{3-33}$$

式中，t_{P_0} 为在线估计的燃烧室实际开始建压时间；$\hat{t}_{P_0}$ 为根据历史正常试车数据统计的燃烧室平均开始建压时间，可由 $\bar{x}(t)$ 得到。

上面所述，即为所提出的瞬变过程故障检测的 EA 算法。与基于模型的方法不同，EA 算法中各参数表现为"并联"关系，各参数的阈值计算、参数门限检测都可以独立进行，互不影响，只在最终判断发动机状态时，才对不同参数的状态进行综合。

第 4 章　基于神经网络的发动机故障检测算法

4.1　引　　言

随着现代科学技术水平的日益提高，技术系统的规模和复杂度迅速增加，系统与设备的安全性和可靠性问题越来越突出。因此，人们总是期望建立一套融监控、预测、容错和维修为一体的机制，伴随系统运行的全寿命周期，防止影响系统正常运行的故障的发生和发展。而物理学、数学等基础科学的不断进步，以及控制理论、信息科学等技术科学的不断发展，也为故障检测与诊断提供了多种技术手段，成为故障检测与诊断技术快速发展的重要支撑。因此，系统故障检测与诊断技术呈现出越来越综合、集成、智能、可视、无线等发展态势。

人工神经网络(Artificial Neural Network，ANN)是近 30 年来受到广泛重视和迅速发展的一门新技术。它在语音识别、图像识别、非线性辨识与估计、自适应控制、组合优化计算等领域已取得不少成功的应用。在故障检测与诊断领域，相比传统的模式识别、专家系统等方法，人工神经网络能模仿人脑的思维，并具有联想、记忆和很强的数据处理能力，因而在故障检测与诊断算法的实时性、及时性、鲁棒性，以及对新型故障的自适应和可学习能力方面均已表现出优良的性能和特性。迄今，人工神经网络已在核电站、石油化工、机电设备、控制系统、航空发动机等系统的故障诊断方面得到了广泛的应用，具体应用于包括故障检测、故障模式识别、故障控制甚至数据处理、传感器数据验证等方面。

本章首先简要介绍人工神经网络的基本特性和原理，以及 BP 和 RBF 两种算法，探讨基于人工神经网络的发动机启动和稳态工作过程模型辨识问题，包括输入输出模式的确定、网络结构的选择、训练样本的选取、训练函数的选定等；然后根据人工神经网络故障检测逻辑，设计实现液体火箭发动机基于神经网络的故障检测算法，并使用历史试车数据对算法进行了验证和考核。

4.2　神经网络基础

4.2.1　神经网络简介

神经网络是指由大量的处理单元(神经元)互相连接而成的网络。为了模拟大脑的基本特性，在神经科学研究的基础上，提出了人工神经网络(简称神经网络)模型。但是，实际上人工神经网络并没有完全反映大脑的功能，只是对生物神经网络进行某种抽象、简化和模拟。神经网络对信息的处理是通过神经元的相互作用来实现的，知识与信息的存储表现为网络元件互连分布式的物理联系。神经网络的学习和识别取决于各神经元连接权系数的动态演化过程。

(1) 神经网络的基本特性。神经网络的基本特性主要有非线性、非局域性、非定常性和非凸性等。

(2) 神经网络的连接模式。神经网络模型确定以后，其特性及能力主要取决于网络的拓扑结构及学习方法。神经网络连接的基本模式有前向网络、有反馈的前向网络、层内互连前向网络以及互联网络等。

(3) 神经网络的学习方式。通过向环境学习获取知识并改进自身性能是神经网络的一个重要特点。在一般情况下，性能的改善是按某种预定的度量通过调节自身参数（如权值）逐步达到的。学习方式有三种，包括监督学习（有教师学习）、非监督学习（无教师学习）以及再励学习（强化学习）。

4.2.2　BP 网络

BP 网络的产生归功于 BP 算法的获得。BP 算法属于 δ 算法，是一种监督式的学习算法。其主要思想为：对于 q 个输入样本 $p^1, p^2, \cdots, p^q$，已知与其对应的输出样本为 $T^1, T^2, \cdots, T^q$。学习的目的是用网络的实际输出 $A^1, A^2, \cdots, A^q$ 与目标矢量 $T^1, T^2, \cdots, T^q$ 之间的误差来修改其权值，使 $A^n(n=1,2,\cdots,q)$ 与期望的 T^n 尽可能地接近，即使网络输出层的误差平方和达到最小。这是通过连续不断地在相对于误差函数斜率下降的方向上，计算修正网络权值和偏差的变化而逐渐逼近目标的。每一次权值和偏差的变化都与网络误差的影响成正比，并以反向传播的方式传递到每一层。

BP 算法由两部分组成，即信息的正向传播与误差的反向传播。在正向传播过程中，输入信息从输入层经隐层逐层传向输出层，每一层神经元的输出作为下一层神经元的输入。如果在输出层没有得到期望的输出，则计算输出层的误差变化值，然后转向反向传播，通过网络将误差信号沿原来的连接通路反传回来，修改各层神经元的权值，直至达到期望目标。典型的 BP 网络结构如图 4-1 所示。

在图 4-1 中，神经元上的传递函数 f 可以分别取如下函数。

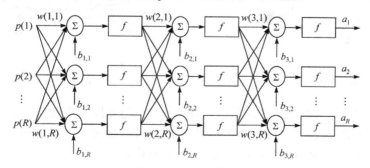

图 4-1　BP 网络结构

(1) purelin 函数。线性函数 purelin 只是简单地将神经元输入经阈值调整后传递到输出。其计算公式为

$$out = in \tag{4-1}$$

式中，in 为传递函数的输入；out 为传递函数的输出。

(2)tansig 函数。双曲正切 S 函数 tansig 用于将神经元的输入范围从 $(-\infty, +\infty)$ 映射到 $(-1, +1)$。其计算公式为

$$out = 2 / (1 + \exp(-2in)) - 1 \tag{4-2}$$

(3)logsig 函数。对数 S 函数 logsig 用于将神经元的输入范围从 $(-\infty, +\infty)$ 映射到 $(0, +1)$。其计算公式为

$$out = 1 / (1 + \exp(-in)) \tag{4-3}$$

4.2.3　RBF 网络

RBF 网络由三层组成，其结构如图 4-2 所示。输入层节点只传递输入信号到隐层，隐层节点由类似于高斯函数的辐射状作用函数构成，而输出层节点通常是简单的线性函数。

隐层节点中的作用函数(基函数)对输入信号在局部产生信号。也就是说，当输入信号靠近基函数的中央范围时，隐层节点将产生较大的输出。由此可以看出，这种网络具有局部逼近能力。因此，RBF 网络也是一种局部感知场网络。

RBF 网络的神经元模型结构如图 4-3 所示。由图 4-3 可见，RBF 网络的传递函数 radbas 是以权值向量和阈值向量之间的距离||dist||作为自变量的。其中，||dist||由输入向量和加权矩阵行向量的乘积而得到。

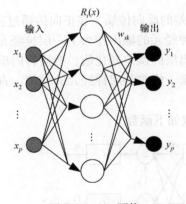

图 4-2　RBF 网络

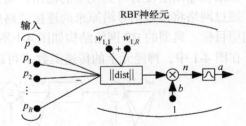

图 4-3　RBF 神经元模型结构

当输入自变量为 0 时，传递函数取得最大值 1。随着权值和输入向量之间距离的减少，网络输出递增。因此，RBF 神经元可以作为一个探测器，当输入向量和加权向量一致时，神经元输出 1。RBF 网络传递函数的原型函数为

$$radbas(n) = e^{-n^2} \tag{4-4}$$

RBF 网络隐层的阈值 b_1 可以调节函数的灵敏度，在实际应用中更常用的是另一参数 spread(称为扩展常数)。b_1 和 spread 的关系有多种确定方法，在 MATLAB 神经网络工具箱中，b_1 和 spread 的关系为

$$b_1 = \text{sprt}(-\log(0.5)) / \text{spread} \tag{4-5}$$

由式(4-5)可知，spread 值实际上反映了输出对输入的响应宽度。spread 值越大，隐层神经元对输入矢量的响应范围将越大，且神经元间的平滑度也越好。

RBF 网络的训练过程分为两步：第一步为无教师学习，确定训练输入层和隐层间的权值 w_1；第二步为有教师学习，确定训练隐层与输出层间的权值 w_2。在训练以前，需要提供输入向量 X、对应的目标矢量 T 与 RBF 网络的扩展常数 spread。训练的目的是求取两层的最终权值 w_1、w_2 和阈值 b_1、b_2（当隐层单元数等于输入矢量维数时，取 $b_2=0$）。

4.3 液体火箭发动机的神经网络辨识模型

4.3.1 稳态工作过程的辨识模型

将神经网络应用于液体火箭发动机稳态工作过程的辨识模型，其步骤如下。

1. 输入输出模式的确定

考虑到神经网络算法的特点以及试车条件等多方面的要求，选取氧涡轮入口压力（Powy）、氢涡轮出口压力（Pewr）、氧涡轮隔离腔压力（Pg）、发生器氢喷前压力（Pfr）、发生器氧喷前压力（Pfy）、推力室氧喷前压力（Py）、氢冷却套出口压力（Pel）、氢泵前阀门入口温度（Tohr）和氧泵前阀门入口温度（Tohy）等 9 个参数组成输入向量，而将燃气发生器压力（Pf）、推力室压力（Pk）、氧泵出口压力（Pey）、氢泵出口压力（Per）、氢泵后温度（Ter）和氧泵后温度（Tey）等 6 个参数组成输出向量，构成稳态工作过程中神经网络辨识模型的输入输出模式。

2. 训练样本的选取

由于训练样本对网络性能影响较大，需要选择涵盖信息最丰富的试车数据作为训练样本。通过对已有的历史试车数据进行分析和比较，选取 Test-022 次试车的 2~26 s 的 1000 组数据作训练样本，对发动机的稳态工作过程进行模型辨识。输入节点为 9 个，输出节点为 6 个，隐层节点根据训练情况调整。

3. 采用动量及自适应法的稳态过程 BP 网络辨识模型

单隐层的三层 BP 网络已经能够实现大部分的非线性映射系统，因此在对发动机的稳态工作过程进行模型辨识时，采用三层网络结构。输入向量是 9 维，因此输入层为 9 个神经元，输出向量为 6 维，输出层为 6 个神经元，隐层的神经元个数根据训练和测试的误差情况进行调整并最终确定。隐层和输出层的传递函数分别选用 tansig 和 purelin，训练步数 epochs=1000 步，直至训练的效果较好，达到设定的误差精度（goal=el-006）或达到最大训练步数为止，训练函数取为动量及自适应的梯度递减训练函数（traingdx）。

当采用不同的隐层节点数时，BP 网络的训练误差和测试误差列于表 4-1 中。表中给出的是对应于各参数的训练或测试结果的最大误差值（仿真结果与试车数据之差同试车数据之比值，以百分比形式表示）。由于每次训练网络的初始权值选择不同，所得到的结果也会有所区别，有的甚至差别很大，但基本趋势是确定的。表 4-1 中给出的误差情况仅供参考，以便于观察误差变化和发展趋势，从而确定网络的训练精度以及推广能力。

表 4-1　采用动量及自适应法的稳态过程 BP 网络辨识模型误差

辨识误差		隐层节点数/个							
		4		5		6		7	
		最大值	平均值	最大值	平均值	最大值	平均值	最大值	平均值
训练误差/%	Pf	1.07	0.26	1.08	0.26	1.05	0.25	1.39	0.26
	Pk	0.48	0.11	0.52	0.11	0.55	0.11	0.60	0.11
	Pey	1.78	0.36	1.52	0.35	1.59	0.35	1.83	0.35
	Per	1.89	0.42	1.52	0.41	1.41	0.40	1.50	0.43
	Ter	0.20	0.04	0.19	0.04	0.22	0.04	0.21	0.04
	Tey	0.05	0.01	0.04	0.01	0.04	0.01	0.04	0.01
测试误差/%	Pf	3.62	1.16	2.36	1.01	1.87	0.72	3.99	0.48
	Pk	7.05	3.51	2.69	1.42	1.37	0.64	4.56	1.39
	Pey	6.83	3.01	8.31	4.31	5.39	2.16	12.30	4.65
	Per	2.81	0.91	8.03	4.79	2.48	0.71	3.79	2.05
	Ter	1.71	0.88	0.76	0.39	0.55	0.35	0.62	0.09
	Tey	1.98	1.02	0.67	0.35	0.91	0.54	0.97	0.50

在实际训练过程中发现，当隐层节点数大于 10 时，其训练和测试结果都不好。根据表 4-1 中的数据，当隐层节点数为 6 时，其训练精度高，推广能力较好，训练结果如图 4-4 所示。图 4-5 给出的是对与训练数据工况接近的 Test-023 次试车进行测试的结果。

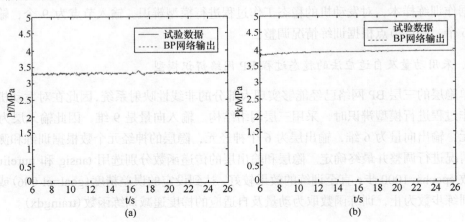
(a)　　　　　　　　　　(b)

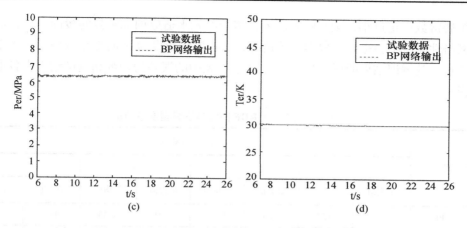

图 4-4　采用动量及自适应法的稳态过程 BP 网络辨识模型训练结果

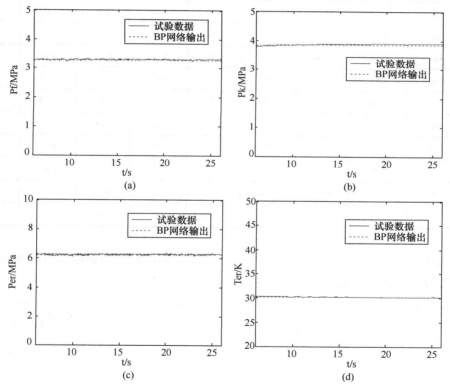

图 4-5　采用动量及自适应法的稳态过程 BP 网络辨识模型测试结果

4. 稳态过程的 RBF 网络辨识模型

采用 RBF 网络对发动机稳态过程进行模型辨识时，设置训练目标 goal=0.03，训练过程的显示频率 df=1，网络的建立函数采用的是 newrb，隐层神经元个数根据训练情况调整。RBF 网络的扩展常数 spread 对网络的性能有一定影响，扩展常数越大，模型的拟合就越平滑。但是，过大的扩展常数意味着需要更多的神经元以适应训练函数的快速变化。

如果扩展常数设定过小，则意味着需要许多神经元来适应训练函数的缓慢变化，这样一来，网络性能就不会很好。根据训练情况，将扩展常数设为 1 时效果较好。对于不同的隐层节点，其辨识结果的误差如表 4-2 所示，表中的误差为训练和测试结果中各参数的最大误差。

表 4-2　稳态过程 RBF 网络辨识模型误差情况

| 辨识误差 | | 隐层节点数/个 | | | | | | | |
| | | 4 | | 5 | | 6 | | 7 | |
		最大值	平均值	最大值	平均值	最大值	平均值	最大值	平均值
训练误差/%	Pf	1.131	0.27	1.09	0.25	1.01	0.25	0.97	0.25
	Pk	0.56	0.11	0.53	0.11	0.52	0.11	0.52	0.11
	Pey	1.79	0.35	1.71	0.35	1.62	0.34	1.63	0.34
	Per	1.56	0.41	1.56	0.41	1.61	0.41	1.64	0.41
	Ter	0.20	0.04	0.20	0.04	0.18	0.04	0.18	0.04
	Tey	0.04	0.01	0.04	0.01	0.03	0.01	0.03	0.01
测试误差/%	Pf	1.84	0.78	1.98	0.75	2.33	1.01	2.38	1.01
	Pk	1.93	0.39	1.91	0.40	1.84	0.35	1.81	0.34
	Pey	3.74	0.94	3.78	0.95	3.86	1.08	3.83	1.10
	Per	2.59	0.94	2.59	0.94	2.72	1.13	2.67	1.12
	Ter	0.66	0.41	0.64	0.41	0.51	0.33	0.51	0.33
	Tey	0.93	0.58	0.93	0.58	0.91	0.56	0.93	0.56

由表 4-2 可知，当隐层节点数为 5 时，稳态过程 RBF 网络辨识模型的训练精度高，推广性能较好，其训练和测试结果分别如图 4-6 和图 4-7 所示。

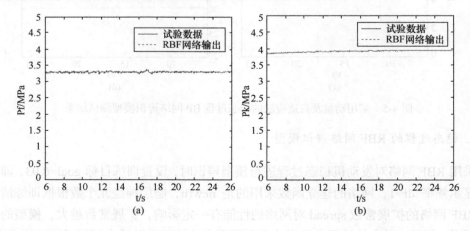

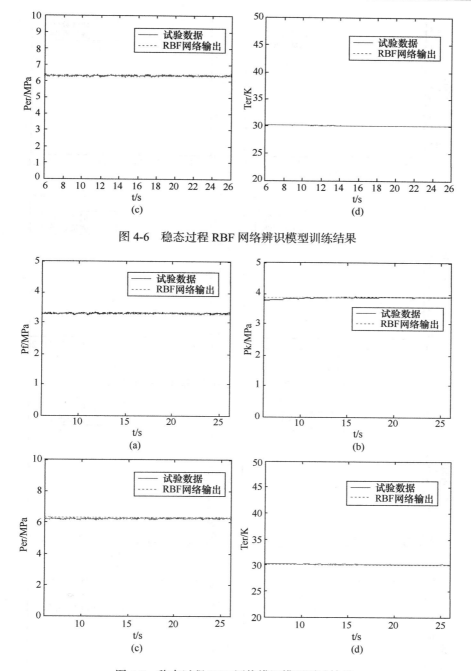

图 4-6　稳态过程 RBF 网络辨识模型训练结果

图 4-7　稳态过程 RBF 网络辨识模型测试结果

　　Test-028 是与训练采用的试车工况相差较大的一次试车，图 4-8 给出了测试数据与训练数据稳态段的数据对比情况。图 4-9 和图 4-10 分别是 BP 和 RBF 网络对 Test-028 次试车稳态过程进行模型辨识的结果。

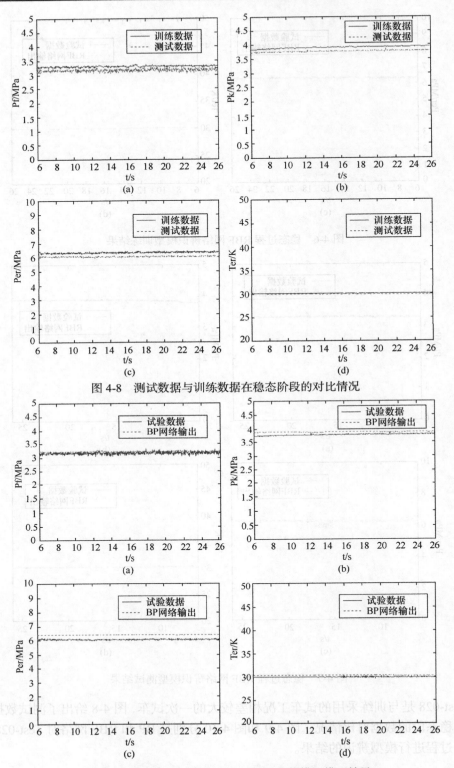

图 4-8　测试数据与训练数据在稳态阶段的对比情况

图 4-9　Test-028 次试车稳态过程 BP 网络辨识模型结果

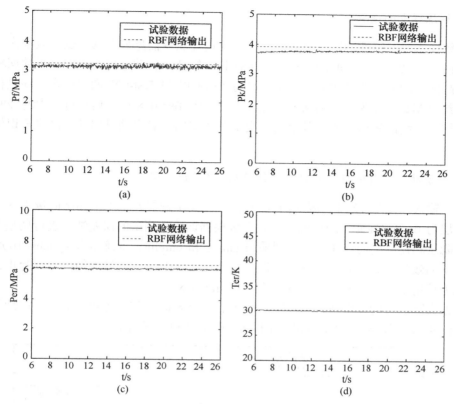

图 4-10　Test-028 次试车稳态过程 RBF 网络辨识模型结果

4.3.2　启动过程的辨识模型

　　液体火箭发动机的启动过程是一个非线性时变随机过程。在发动机启动过程中,包括了从挤压充填到强迫充填过程的转换,其复杂性主要是由启动器、阀门开启的非线性动态特性以及起动器和燃气发生器交叠工作段的非线性特性所造成的。本节采用神经网络对液体火箭发动机启动工作过程进行辨识,以获得其基于神经网络的非线性辨识模型。

1. 输入输出模式的确定

　　对于液体火箭发动机的启动工作过程,选取氧涡轮入口压力(Powy)、氢涡轮出口压力(Pewr)、氢涡轮入口压力(Powr)、推力室压力(Pk)、发生器氢喷前压力(Pfr)、发生器氧喷前压力(Pfy)、推力室氧喷前压力(Py)、氢冷却套出口压力(Pel)、氧泵出口压力(Pey)、氢泵出口压力(Per)、液氢流量(Gr)和液氧流量(Gy)等 12 个参数组成输入向量,以燃气发生器压力(Pf)、推力室压力(Pk)、氧泵出口压力(Pey)、氢泵出口压力(Per)、氧泵转速(Nwy)和氢泵转速(Nwr)等 6 个参数组成输出向量,构成发动机启动工作过程神经网络辨识模型的输入输出模式。

2. 训练样本的选取

训练样本对网络性能影响较大，因此需要选择涵盖信息最丰富的试车数据作为训练样本。由于启动过程工作时间较短，而采样频率较低，启动过程的单次试车数据较少。为了提高网络的训练效果和推广性能，选用 Test-047 和 Test-023 两次试车启动过程中的各 200 组试车数据作为神经网络的训练样本，选用 Test-048 试车启动过程中的 200 组数据作为神经网络的测试样本，其余的历史试车数据用于对启动过程神经网络辨识模型进行验证。

3. 基于动量及自适应法的启动过程 BP 网络辨识模型

由于输入向量为 12 维，因此输入层设置为 12 个神经元；由于输出向量为 6 维，因此输出层为 6 个神经元。隐层的神经元个数根据训练和测试的误差情况进行调整并最终确定。隐层和输出层的传递函数分别采用 tansig 和 purelin，训练步数 epochs=1000 步，直至训练的效果较好，并达到设定的误差精度（goal=e1-008）或最大训练步数为止，训练函数取为动量及自适应的梯度递减训练函数（traingdx）。

根据实际训练情况发现，当隐层神经元个数为 8 时，其训练效果好，推广性能令人满意。图 4-11 和图 4-12 分别给出了 BP 网络的训练和测试结果。

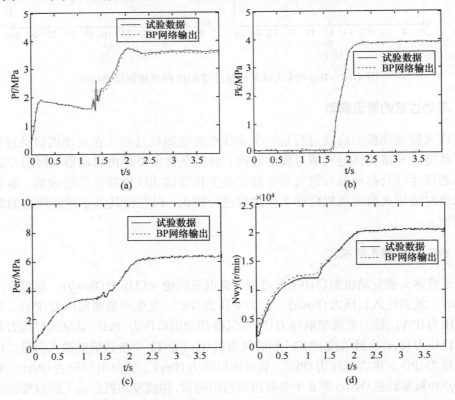

图 4-11　采用动量及自适应法的启动过程 BP 网络辨识模型训练结果

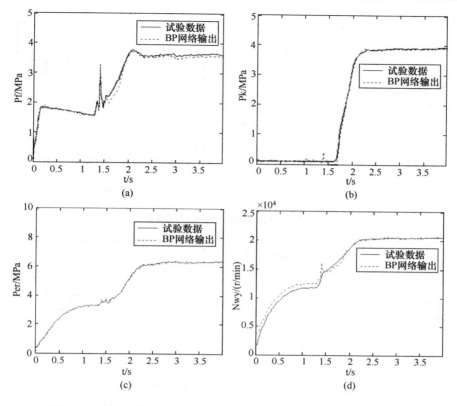

图 4-12　采用动量及自适应法的启动过程 BP 网络辨识模型测试结果

4. 启动过程的 RBF 网络辨识模型

在采用 RBF 网络对发动机启动过程进行模型辨识时，输入输出参数还是采用 BP 网络对启动过程进行模型辨识同样的参数组合。设置训练目标 goal=e1-3，训练过程的显示频率 df=1，网络建立函数采用 newrb。在实际训练和测试过程中发现，当 RBF 网络隐层神经元个数为 30 时，其训练效果较好，推广性能也不错。图 4-13 和图 4-14 分别给出了 RBF 网络辨识模型的训练和测试结果。

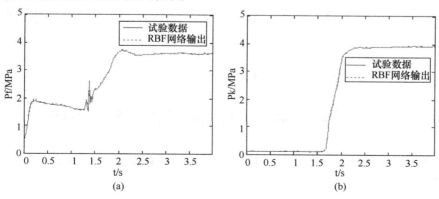

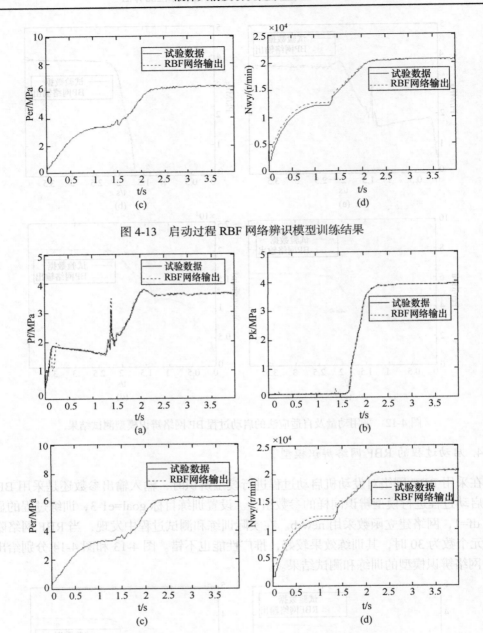

图 4-13　启动过程 RBF 网络辨识模型训练结果

图 4-14　启动过程 RBF 网络辨识模型测试结果

4.4　神经网络故障检测算法的实现与验证

本节利用 4.3 节中对发动机工作过程已训练好的辨识模型,对液体火箭发动机工作过程进行故障检测。

4.4.1　故障检测逻辑

利用已得到的可用来进行实时辨识的神经网络结构,结合神经网络故障检测逻辑,将其他的试车数据作为网络输入进行实时仿真,得到输出监测参数的综合检测指标 S_{ee}。使用其中部分正常试车数据获得不同的综合检测指标 S_{ee},对 S_{ee} 进行统计分析,求得其检测阈值 S_m。阈值 S_m 是综合检测指标 S_{ee} 的均值加上其标准差的 $n(n=3\sim6)$ 倍。在研究中根据具体情况,取 n 为 3.5。将综合检测指标 S_{ee} 实时值与其阈值 S_m 进行比较,再根据故障检测逻辑,即可判断发动机是否发生故障。

为了提高算法的鲁棒性,在计算实时综合检测指标时,将误差向量中最大的那个分量剔除,以消除个别参数变化对检测算法所造成的影响。为了降低故障检测过程中的误报警率,提高检测算法的鲁棒性,在检测逻辑中引入持续性检验指标。如果综合检测指标只是一次超越阈值,并不认为发动机发生故障,则只是判定其工作可能异常;只有当综合检测指标连续超越阈值 3 次时才认为发动机发生故障,并发出报警。

4.4.2　神经网络故障检测系统

有关辨识模型的研究工作都是在 MATLAB 语言环境下进行的,为了将实现的故障检测算法实用化,还需要将其转移到其他的语言环境。虚拟仪器编程语言 Lab Windows/CVI 是美国 NI(National Instruments)公司开发的 32 位面向计算机测控领域的软件开发平台。它以 ANSIC 为核心,将 C 语言平台与数据采集、分析和显示等测控专业工具有机地结合起来,进一步加强了对数据库和网络的支持功能,更适应于分布式测控技术的发展需求。它的集成化开发平台、交互式编程方法、丰富的功能面板和库函数显著地增强了 C 语言的功能,为熟悉 C 语言的研发人员开发检测、数据采集、过程监控等系统提供了一个非常理想的软件开发环境。

本节通过使用 Lab Windows/CVI 自身带有的丰富的仪器面板控件及用户界面库函数,实现了基于 Lab Windows/CVI 的神经网络实时故障检测算法,并研制开发了相应的软件系统,如图 4-15 所示。

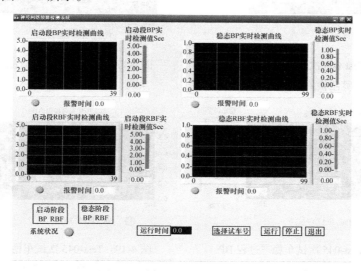

图 4-15　神经网络故障检测系统

4.4.3　稳态过程的神经网络故障检测算法

按照设定的输入输出模式，利用已有的多次历史试车数据对稳态过程的神经网络故障检测算法进行验证。对于稳态工作过程，采用贝叶斯正则化方法的 BP 网络辨识模型效果较好。因此，本节采用 BP 网络模型和 RBF 网络模型进行发动机故障检测。

在已有的历史试车数据中，发动机在稳态过程中有 5 次试车出现了故障，用神经网络故障检测算法得到的结果如表 4-3 所示。

表 4-3　稳态过程有试车故障的神经网络故障检测算法的结果

试车数据库	红线关机系统关机时间/s	BP 算法报警时间/s	RBF 算法报警时间/s
Test-008	43.2	42.8	42.8
Test-016	275.8	275.8	275.7
Test-045	30.2	30.2	30.2
Test-050	402.7	402.8	402.8
Test-027	13.0	12.3	12.3

图 4-16 和图 4-17 分别给出了 BP 和 RBF 故障检测算法对 Test-008 次试车进行检测的结果。从图中可以看出，两种算法均在 42.8 s 报警，红线关机系统在 43.2 s 报警。

图 4-18 和图 4-19 分别是 BP 和 RBF 故障检测算法对 Test-045 次试车进行检测的结果。从图中可以看出，BP 和 RBF 算法在 30.2 s 报警，红线关机系统在 30.2 s 报警。

表 4-4 给出了在 48 次历史试车中针对稳态过程用神经网络故障检测算法进行考核验证的结果。

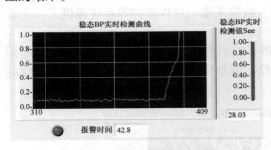

图 4-16　Test-008 次试车稳态过程 BP
算法检测结果

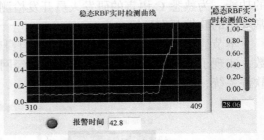

图 4-17　Test-008 次试车稳态过程 RBF
算法检测结果

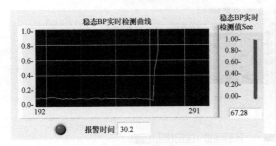

图 4-18　Test-045 次试车稳态过程 BP
算法检测结果

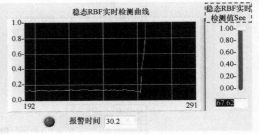

图 4-19　Test-045 次试车稳态过程 RBF
算法检测结果

表 4-4　稳态过程的神经网络故障检测算法验证结果

试车数据库	BP 算法检测结果	RBF 算法检测结果	试车数据库	BP 算法检测结果	RBF 算法检测结果
Test-006	4.3	4.3	Test-029	—	—
Test-007	—	—	Test-030	—	—
Test-008	42.8	42.8	Test-031	—	—
Test-009	—	—	Test-033	—	—
Test-010	—	—	Test-034	—	—
Test-011	—	—	Test-035	—	—
Test-012	—	—	Test-036	—	—
Test-013	—	—	Test-038	—	—
Test-014	—	—	Test-039	—	—
Test-015	—	—	Test-040	—	—
Test-016	275.8	275.7	Test-041	—	—
Test-017	—	—	Test-042	—	—
Test-018	—	—	Test-043	—	—
Test-019	—	—	Test-044	—	—
Test-020	—	—	Test-045	30.2	30.2
Test-021	—	—	Test-046	—	—
Test-022	—	—	Test-047	—	—
Test-023	—	—	Test-048	—	—
Test-024	—	—	Test-049	—	—
Test-025	—	—	Test-050	402.8	402.8
Test-026	—	—	Test-051	—	—
Test-027	12.3	12.3	Test-052	—	—
Test-028	—	—	Test-053	—	—

4.4.4　启动过程的神经网络故障检测算法

按照设定的输入输出模式，利用已有的多次历史试车数据对启动过程神经网络故障检测算法进行验证。同上节一样，仍然使用采用动量及自适应法的 BP 网络模型(简称 BP 网络)和 RBF 网络模型进行发动机故障检测。

在已有的历史试车数据当中，发动机在启动过程有 2 次试车中发生了故障，表 4-5 给出了对相关故障检测算法进行考核的结果。

表 4-5　启动过程有故障试车神经网络故障检测算法验证结果

算法名称	报警时间/s		算法名称	报警时间/s	
	Test-054	Test-055		Test-054	Test-055
绿线算法	0.6	0.9	RBF 神经网络算法	0.6	0.6
BP 神经网络算法	0.6	0.6	红线算法	1.3	1.3

图 4-20 和图 4-21 分别给出了 BP 和 RBF 算法对 Test-032 次试车进行检测的结果。由图可知，BP 算法在 0.4s 报警，RBF 算法在 0.6s 报警，包络线算法在 0.6s 报警，红线算法在 1.3s 报警。图 4-22 和图 4-23 分别是 BP 和 RBF 故障检测算法对 Test-037 次试车进行检测的结果。可以看出，BP 和 RBF 算法均在 0.6s 报警，包络线算法在 0.9s 报警，红线算法在 1.3s 报警。

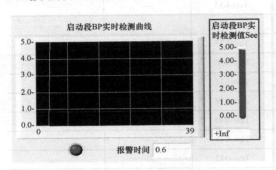

图 4-20　Test-032 次试车启动过程 BP 算法
检测结果

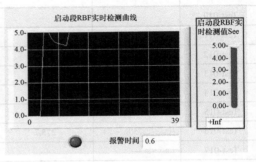

图 4-21　Test-032 次试车启动过程 RBF 算法
检测结果

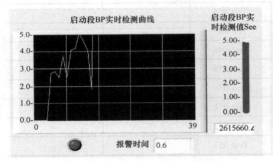

图 4-22　Test-037 次试车启动过程 BP 算法
检测结果

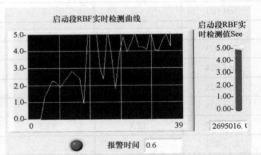

图 4-23　Test-037 次试车启动过程 RBF 算法
检测结果

表 4-6 给出了针对 48 次历史试车中的启动过程用神经网络故障检测算法进行验证考核的结果。

表 4-6　启动过程神经网络故障检测算法验证结果

试车数据库	BP 算法/s	RBF 算法/s	试车数据库	BP 算法/s	RBF 算法/s
Test-006	—	—	Test-011	—	—
Test-007	—	—	Test-012	—	—
Test-008	—	—	Test-013	—	—
Test-009	—	—	Test-014	—	—
Test-010	—	—	Test-015	—	—

续表

试车数据库	BP 算法/s	RBF 算法/s	试车数据库	BP 算法/s	RBF 算法/s
Test-016	—	—	Test-035	—	—
Test-017	—	—	Test-036	—	—
Test-018	—	—	Test-037	0.6	0.6
Test-019	—	—	Test-038	—	—
Test-020	—	—	Test-039	—	—
Test-021	—	—	Test-040	—	—
Test-022	—	—	Test-041	—	—
Test-023	—	—	Test-042	—	—
Test-024	—	—	Test-043	—	—
Test-025	—	—	Test-044	—	—
Test-026	—	—	Test-045	—	—
Test-027	—	—	Test-046	—	—
Test-028	—	—	Test-047	—	—
Test-029	—	—	Test-048	—	—
Test-030	—	—	Test-049	—	—
Test-031	—	—	Test-050	—	—
Test-032	0.6	0.6	Test-051	—	—
Test-033	—	—	Test-052	—	—
Test-034	—	—	Test-053	—	—

4.5　神经网络故障检测算法实时在线考核

神经网络的训练可以在试车之前进行，因此是一个离线学习的过程，无须考虑太多实时性的问题。而应用于实际地面热试车过程时，需要将实时采集的数据传至训练好的神经网络，并进行在线计算和决策判断，再返回检测结果。这就要求算法必须能够实时在线运行，因此，如何提高算法的实时性是一个必须解决的问题。

为满足现场试车过程对神经网络算法实时性的要求，在将实际采集数据进行在线计算之前，需要先对样本数据进行一些预处理。研究中，根据检测参数的最大值和最小值，将采集的数据基于训练样本范围进行归一化，使神经网络的输入向量和输出向量均处于[0,1]的区间内，以降低计算复杂程度，提高计算效率。

在此前的研究中，大多都是通过编写的故障检测程序调用 MATLAB 软件，首先将输入参数传入 MATLAB 的工作区；然后根据训练好的神经网络结构，计算得到输出；最后将输出结果反传回故障检测算法当中。这样一来，由于涉及程序的调用以及数据的传入和传出，故障检测算法响应时间长，计算耗时多，不适用于故障检测算法的实时在线运行。在充分学习和理解神经网络计算原理的基础上，根据 C 语言特点，采用 Lab Windows/CVI 平台，直接编写了神经网络仿真函数。这样，就不必再通过 Lab Windows/CVI 调用 MATLAB 引擎来实现神经网络函数。参数的测量、分析和处理都在同一环境下，因此减少了算法的响应时间和计算时间，能够更好地满足实时在线运行的要求。

本书所提的神经网络故障检测系统分别参加了 Test-002 和 Test-003 两次发动机的现场热试车，对检测算法进行了实时在线考核。Test-002 全程试车 120 s，Test-003 预定全程试车 500 s，后因其他故障在 361.9 s 紧急关机。

图 4-24 和图 4-25 分别给出了 BP 和 RBF 算法对 Test-002 试车中启动过程进行检测的结果。此次试车启动过程正常，算法无误报警。

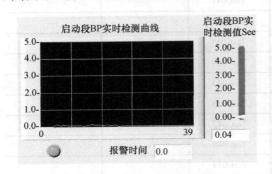
图 4-24　Test-002 次试车启动过程 BP 算法检测结果

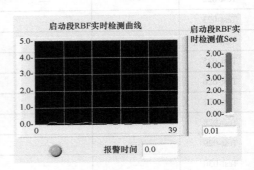
图 4-25　Test-002 次试车启动过程 RBF 算法检测结果

图 4-26 和图 4-27 分别是 BP 和 RBF 算法对 Test-002 次试车中稳态工作过程进行检测的结果。此次试车全程正常，算法无误报警。

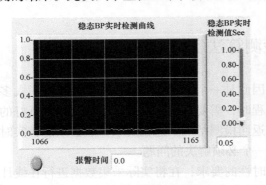
图 4-26　Test-002 次试车稳态过程 BP 算法检测结果

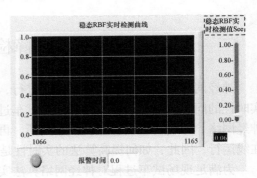
图 4-27　Test-002 次试车稳态过程 RBF 算法检测结果

图 4-28 和图 4-29 分别给出了 BP 和 RBF 算法对 Test-003 次试车中启动过程检测的结果。此次试车启动过程正常，算法无误报警。

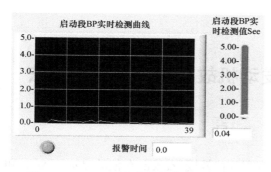

图 4-28　Test-003 次试车启动过程 BP 算法　　　　图 4-29　Test-003 次试车启动过程 RBF 算法
　　　　　检测结果　　　　　　　　　　　　　　　　　　　　检测结果

　　图 4-30 和图 4-31 分别给出了 BP 和 RBF 算法对 Test-003 次试车中稳态工作过程进行检测的结果。此次试车由于其他故障原因在 361.9 s 紧急关机。

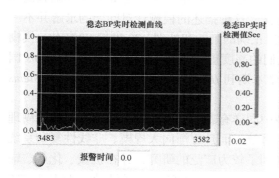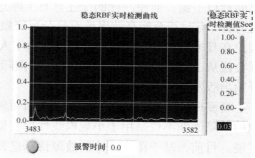

图 4-30　Test-03 次试车稳态过程 BP 算法　　　　　图 4-31　Test-03 次试车稳态过程 RBF 算法
　　　　　检测结果　　　　　　　　　　　　　　　　　　　　检测结果

　　本章所研究实现的液体火箭发动机 BP 和 RBF 网络故障检测算法通过大量的历史试车数据验证，对正常试车没有误报警，对有故障试车没有漏报警和错报警。多次历史试车数据的验证和考核结果表明，本章算法是可靠有效的。

第 5 章　基于模糊理论的发动机故障检测与诊断算法

5.1　引　　言

模糊数学的概念首先由美国加州大学伯克利分校教授 Zadeh 在他的 *Fuzzy Sets* 和 *Fuzzy Algorithm* 等著名论著中提出。Zadeh 于 1973 年指出，对于模糊理论：一个系统复杂性增大时，人们能使它精确化的能力将降低，当复杂程度达到一定的阈值时，复杂性和精确性将相互排斥(即不相容原理)。也就是说，在多变量、非线性、时变的大系统中，系统的复杂性与人类要求的精确性之间形成了尖锐的矛盾。因此，要想精确地描述复杂对象与系统的任何物理现象和运动状态，实际上已经不可能，关键是如何在准确和简单之间取得平衡，而使问题的描述具有实际意义。这种描述的模糊性对问题的求解并不一定有害，有时甚至能高效率地对复杂事物做出正确的判断和处理。20 世纪 80 年代，模糊理论在日本得到了成功应用，从而引起了人们的高度重视。此后，*IEEE Fuzzy Systems* 国际会议从 1992 年开始举办；1993 年，国际学术期刊 *IEEE Transaction on Fuzzy Systems* 开始出版发行。

模糊理论的发展和应用在故障诊断领域中同样有着重要的地位和作用。基于模糊理论的故障诊断不仅适用于小规模线性单变量系统，而且逐渐向大规模、非线性复杂系统扩展。目前，基于模糊理论的故障诊断已得到了较为广泛的研究，并在机械、化工、输电网络和航空航天等各种领域得到了成功的应用。例如，2007 年，蔡开龙等将基于 T-S 模糊模型的故障诊断方法应用于航空发动机，以判定某涡扇发动机的健康状况；1999 年，Joentgen 等将模糊聚类方法用于变速箱的故障诊断，得到了良好的结果；2008 年，杨健维将模糊 Petri 网用于输电网络的故障诊断；2010 年，刘鑫蕊将模糊模型应用于非线性互联大系统的 H_∞ 控制。

如前所述，对于大型液体火箭发动机而言，其不仅结构工况十分复杂，而且在其故障检测与诊断过程中存在着模型的不准确、线性化处理和外界干扰等众多不确定性的影响。而模糊故障诊断方法无须建立精确的数学模型，不仅具有诊断速度快、适用范围广等特点，而且有效地增强了故障诊断知识的不确定性表示和推理能力，也更符合人的思维和认知方式。

为此，本章首先简要介绍模糊故障诊断的理论基础；其次建立发动机启动和稳态工作过程的模糊辨识模型；然后利用模糊辨识模型，实现发动机基于模糊模型的故障检测方法，并用历史试车数据进行验证；最后对发动机稳态工作过程的故障隔离问题进行初步研究。

5.2　模糊故障诊断理论基础

5.2.1　基于模糊模型的故障诊断算法

基于模糊模型的故障诊断算法的基本思路是：首先基于系统的实际输入和建立的模糊模型计算得到系统输出状态的估计；然后将模型输出与系统的实际输出相比较，得到残差向量，并以此作为故障检测与隔离的依据。

基于模糊模型的故障检测与隔离方法如图 5-1 所示。

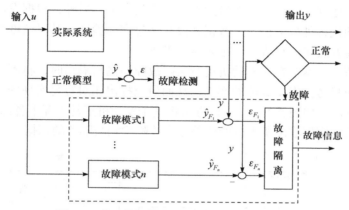

图 5-1　基于模糊模型的故障检测和隔离方法

图 5-1 中，y 是系统的输出；$\hat{y}$ 是正常模型运行的输出。残差向量 ε 的定义如式(5-1)，即

$$\varepsilon = y - \hat{y} \tag{5-1}$$

当 ε 超出阈值 δ 时，系统显示故障发生，即检测到故障。上述故障检测的流程如图 5-2 所示。

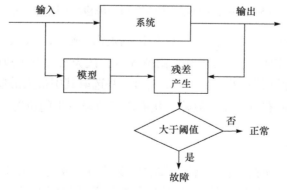

图 5-2　基于模型的故障检测流程图

在检测到故障发生后，将进行故障的隔离。为此，首先分别计算 n 个故障模式模型

的输出 $\hat{y}_{F_i}$（对应故障模式 i 的输出），并根据式(5-2)计算得到 n 个残差向量 $\varepsilon_{F_i}(i=1,2,\cdots,n)$，即

$$\varepsilon_{F_i} = |y - \hat{y}_{F_i}| \tag{5-2}$$

然后在计算得到的残差 $\varepsilon_{F_1},\cdots,\varepsilon_{F_n}$ 中，找出其中最小的一个量 ε_{F_i}，并认为对应的第 i 种故障为最有可能发生的故障。

在实际应用中，可以将已发生的并事后得到确诊的故障数据，用于训练故障模式模型。一旦再次出现这种故障，上述方法可以很快地对其进行隔离。然而，在液体火箭发动机已有的试验数据中，故障数据尤其是事后得到确诊的数据数量很少。因此，仅依靠已有的故障数据建立故障模式模型显然不能够满足要求。另外，根据发动机的仿真模型计算得到的发动机各种故障模式的数据并没有经过实际验证，其可信度难以得到保证。因此，上述隔离方法在现有情况下通常难以实现。

针对上述情形，本节在对发动机进行实际故障检测与隔离时，将不考虑发动机具体的故障模式，而只考虑发生故障的部件，从而研究提出相对容易实现的发动机部件级故障检测与隔离方法，如图 5-3 所示。该方法将基于发动机正常工况下各部件的模糊模型，用实际输出与模糊模型输出所生成的残差作为故障检测与隔离的依据。

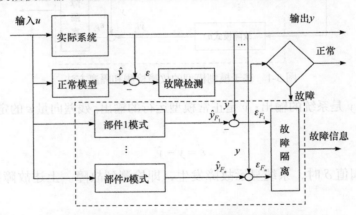

图 5-3　基于模糊模型的部件级故障检测和隔离方法

图 5-3 中，y 为系统的实际输出；$\hat{y}$ 为正常模型的输出；$\hat{y}_{F_i}$ 是基于模糊模型对部件 i 输出的估计。当检测到残差 ε 大于某一阈值 δ 时，认为系统发生故障。然后，分别对 n 个部件根据式(5-2)计算其残差 $\varepsilon_{F_i}(i=1,2,\cdots,n)$，并选取其中最大的值（记为 ε_{F_i}），认为其所对应的第 i 个部件最有可能发生故障，从而确定故障发生的位置。

5.2.2　T-S 模糊模型

建立 T-S 模糊模型时，需要将输入和输出变量的论域按照两者之间存在的局部线性关系进行模糊划分，并通过一组描述系统局部线性关系的模糊规则来实现对系统全局行为的描述。设辨识对象为 $P(X,Y)$，其中 X 为系统的输入，Y 为系统的输出，$X\in\mathbf{R}^r$，$Y\in\mathbf{R}^q$，

则所建立的模糊模型可以理解为辨识对象输入输出之间的一种映射关系。多输入多输出系统一般可以划分为 q 个多输入单输出子系统，因此，这里只讨论多输入单输出系统的模糊模型辨识。

T-S 模糊模型的建立分为参数辨识和结构辨识两部分。

1. 参数辨识

一阶 T-S 模糊模型的规则形式如式(5-3)，即

$$R^i : \text{if } x_1 \text{ is } A_{i1} \text{ and } x_2 \text{ is } A_{i2} \text{ and} \cdots \text{and } x_r \text{ is } A_{ir}$$
$$\text{then } y_i = p_0^i + p_1^i x_1 + p_2^i x_2 + \cdots + p_r^i x_r \tag{5-3}$$

式中，R^i 表示第 i 条模糊规则；x_r 为模糊模型的第 r 个输入变量；A_{ir} 为变量 x_r 的第 i 个模糊子集；y_i 为第 i 条规则的输出；p_r^i 为实系数。则模糊模型的输出可表示为式(5-4)，即

$$y = \sum_{i=1}^{c} \omega_i y_i \Big/ \sum_{i=1}^{c} \omega_i$$
$$\omega_i = \prod_{k \in I} \mu_{A_{kj}(x_k)}, \quad I = \{1, 2, \cdots, r\}; i = 1, 2, \cdots, c \tag{5-4}$$

式中，$\mu_{A_{kj}}$ 是模糊隶属度函数。

定义 $\varpi_i = \omega \Big/ \sum_{i=1}^{c} \omega_i$，$\overline{\omega}_i$ 为第 i 条规则的权值。由此，模糊模型的输出为式(5-5)，即

$$y = \sum_{i=1}^{c} \varpi_i y_i = \sum_{i=1}^{c} \omega_i (p_0^i + p_1^i x_1 + p_2^i x_2 + \cdots + p_r^i x_r)$$
$$= [\varpi_1 \ \varpi_1 x_1 \ \varpi_1 x_2 \ \cdots \ \varpi_1 x_r \cdots \ \varpi_c \ \varpi_c x_1 \ \varpi_c x_2 \ \cdots \ \varpi_c x_r] \tag{5-5}$$
$$\times [p_0^1 \ p_1^1 \ p_2^1 \ \cdots \ p_r^1 \ \cdots \ p_0^c \ p_1^c \ p_2^c \ \cdots \ p_r^c]^{\mathrm{T}}$$

将辨识对象输入输出的实际测量数据代入式(5-5)，有

$$Y = XP \tag{5-6}$$

式中，P 的最小二乘估计为 $P^* = (X^{\mathrm{T}} X)^{-1} X^{\mathrm{T}} Y$。为了优化参数矩阵 P 以及避免矩阵求逆，可以采取递推最小二乘估计或递推卡尔曼滤波算法计算参数矩阵。

递推卡尔曼滤波算法由式(5-7)和式(5-8)给出，即

$$P_{i+1} = P + \frac{S_{i+1} x_{i+1}^{\mathrm{T}} (y_{i+1} - x_{i+1}^{\mathrm{T}} P_i)}{1 + x_{i+1} S_i x_{i+1}^{\mathrm{T}}} \tag{5-7}$$

$$S_{i+1} = S_i - \frac{S_i x_{i+1}^{\mathrm{T}} x_{i+1} S_i}{1 + x_{i+1} S_i x_{i+1}^{\mathrm{T}}}, \quad i = 0, 1, \cdots, n-1 \tag{5-8}$$

根据递推卡尔曼滤波算法，可以求得 T-S 模糊模型的参数矩阵 P。

2. 结构辨识

模糊模型的结构辨识主要需考虑如下三个方面。

(1) 选择输入参数。

(2) 确定输入参数的阶次，其取值范围为 $-n, \cdots, -2, -1, 0, 1, 2, \cdots, n$。

(3) 确定输入参数的延时：$-0.02 \times i, \cdots, -0.02, 0$。

对于 T-S 模糊模型，通常可以基于规律性标准 (Regularity Criterion，RC) 进行上述三个方面的结构辨识。规律性标准即为求式 (5-9) 中 RC 的最小值：

$$\text{RC} = \frac{\sum_{i=1}^{k_A}(y_i^A - y_i^{AB})^2 / k_A + \sum_{i=1}^{k_B}(y_i^B - y_i^{BA})^2 / k_B}{2} \tag{5-9}$$

式中，k_A 和 k_B 分别是数据组 A 和 B 的数据点数量；y_i^A 和 y_i^B 分别是 A 组和 B 组的输出数据；y^{AB} 是将 A 组数据的输入代入由 B 组数据建立的模糊模型所计算得到的输出；y^{BA} 是将 B 组数据的输入代入由 A 组数据建立的模糊模型所计算得到的输出。

从理论上来说，进行结构辨识时上述三个方面需要同时考虑，但如此会导致计算复杂、辨识时间长。因此，结构辨识时一般都使用一阶 T-S 模糊模型，其具有结构简单、计算量小而且精度也可以满足要求等特点。

5.2.3　自适应神经模糊推理系统

自适应神经模糊推理系统 (Adaptive Neuro-Fuzzy Inference System，ANFIS) 采用的是一种混合算法来辨识 Sugeno-type 模糊推理系统的参数。其一般应用最小方差和误差反向传播的梯度下降法，通过训练 FIS 隶属度函数及相关参数来模拟一个给定的训练数据集所表示的系统。

ANFIS 非常适合于动态系统的模糊建模。其典型结构 (两个输入、单个输出) 如图 5-4 所示。

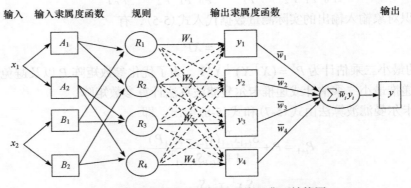

图 5-4　自适应神经模糊推理系统的典型结构图

ANFIS 结构中各层的功能和作用分述如下。

第 1 层：计算各输入对相应模糊集的隶属度函数，以确定给定的输入 x_1 对于模糊集 A_1、A_2 或 x_2 对于模糊集 B_1、B_2 的满足程度。若记 $\mu_{A_{kj}}$ 为 x_j 对 A_k 的隶属度，则其高斯型隶属度函数可由式 (5-10) 给出，即

$$\mu_{A_{kj}}(x_j) = \exp\left(-\frac{(x_j - c_k)^2}{2\sigma^2}\right) \tag{5-10}$$

第 2 层:计算规则 R_i 的激励强度 W_i。激励强度 W_i 为所有输入信号隶属度函数的乘积,表示输入与该条规则前提的相符程度,即

$$W_i = \mu_{A_k}(x_j)\mu_{B_l}(y_m) \tag{5-11}$$

第 3 层:将各条规则的激励强度归一化: $\overline{W}_i = W_i \bigg/ \sum_{i=1}^{c} W_i$, c 为规则数量。

第 4 层:根据式(5-12),计算各条规则的输出,即

$$y_i = p_0^i + p_1^i x_1 + p_2^i x_2 \tag{5-12}$$

式中, p_j^i 是第 i 条规则的实系数。

第 5 层:根据式(5-13),将各条规则的输出加权相加作为最终的输出,即

$$y = \sum_{i=1}^{c} \overline{W}_i y_i \tag{5-13}$$

对自适应神经模糊推理系统进行训练的算法,主要有误差反向传播学习算法、牛顿法及牛顿修正法(二阶梯度下降法)以及其他非倒数优化算法(如免疫算法、模拟退火算法、随机搜索算法、遗传算法、混合智能算法等)。下面重点介绍误差反向传播学习算法。

首先,定义目标函数: $E = \frac{1}{2}\sum_{j=1}^{N} e_j^2$,其中 $e_j = y_j - \hat{y}_j$, N 为训练数据数量。学习算法的目的是使目标函数最小。

其次,基于一阶梯度下降法进行误差反向传播学习。其终止条件是目标函数小于某一设定值或达到设定的训练步数。

对于权值 W ,其按如下方式学习,即 $W(q+1) = W(q) - \alpha(q)\nabla J(W(q))$ 。其中, q 为训练的次数,且 $q = 1,2,\cdots,n$; $W(q)$ 为第 q 次迭代时的权值向量; $\alpha(q)$ 为一个可变的学习速率; $\nabla J(W(q))$ 是网络的 Jacobian 阵,为

$$\nabla J(W) = \left[\frac{\partial J(W)}{\partial W_1}, \frac{\partial J(W)}{\partial W_2}, \cdots, \frac{\partial J(W)}{\partial W_M}\right] \tag{5-14}$$

参数的学习从模糊规则的实系数开始,规则实系数的 Jacobian 矩阵如式(5-15)所示。

$$\frac{\partial J}{\partial p_0^i} = \frac{\partial J}{\partial e}\frac{\partial e}{\partial y}\frac{\partial y}{\partial p_0^i} = -e\overline{W}_i \tag{5-15}$$

将其代入 $W(q+1) = W(q) - \alpha(q)\nabla J(W(q))$,有

$$p_0^i(q+1) = p_0^i(q) + \alpha(q)\overline{W}_i e \tag{5-16}$$

同理有

$$
\begin{cases}
p_1^i(q+1) = p_1^i(q) + \alpha(q)\overline{W}_i\, ex_1 \\
p_2^i(q+1) = p_2^i(q) + \alpha(q)\overline{W}_i\, ex_2
\end{cases}
\tag{5-17}
$$

式中，$p_1^i(q)$ 为第 i 条规则对应第 1 个输入的系数；$\alpha(q)$ 为一个可变的学习速率；$\overline{W}_i$ 为第 i 条规则的归一化激励强度；x_1 为第一个输入参数；x_2 为第二个输入参数。

同时，对于高斯函数的中心 c_k^i，可按式 (5-18) 和式 (5-19) 进行学习。根据复合函数求导规则，有

$$
\frac{\partial J}{\partial c_k^i} = \frac{\partial J}{\partial e}\frac{\partial e}{\partial y}\frac{\partial y}{\partial W_i}\frac{\partial W_i}{\partial c_k^i} = -e\overline{W}_i(y_i - y)\frac{x_j - c_i^j}{\left(\sigma_i^j\right)^2}\mu
\tag{5-18}
$$

式中，μ 为另一输入的隶属度函数。将其代入 $W(q+1) = W(q) - \alpha(q)\nabla J(W(q))$，有

$$
\frac{\partial J}{\partial c_k^i} = \frac{\partial J}{\partial e}\frac{\partial e}{\partial y}\frac{\partial y}{\partial W^i}\frac{\partial W^i}{\partial c_k^i} = -e\overline{W}_i(y_i - y)\frac{x_j - c_i^j}{\left(\sigma_i^j\right)^2}\mu
\tag{5-19}
$$

对于高斯函数的宽度 σ_k^i，有

$$
\frac{\partial J}{\sigma_k^i} = \frac{\partial J}{\partial e}\frac{\partial e}{\partial y}\frac{\partial y}{\partial W^i}\frac{\partial W^i}{\partial c_k^i} = -e\overline{W}_i(y_i - y)\frac{(x_j - c_i^j(q))^2}{(\sigma_i^j(q))^3}\mu
\tag{5-20}
$$

$$
\sigma_k^i(q+1) = \sigma_k^i(q) + a(q)e\overline{W}_i(y_i - y)\frac{(x_j - c_i^j(q))^2}{(\sigma_i^j(q))^3}
\tag{5-21}
$$

5.3　发动机工作过程模糊辨识模型

5.3.1　稳态过程模糊辨识模型

1. 稳态过程的 T-S 模糊模型辨识

建立液体火箭发动机稳态过程的 T-S 模糊模型，其步骤如下。

(1) 确定输入输出参数。运用 RC 确定输入输出参数，最终所确定的输入输出参数如表 5-1 所示。

(2) 选取训练样本。训练样本对模型性能影响较大，因此需要选择涵盖信息最丰富的试车数据作为训练样本，通过对已有的历史试车数据进行分析和比较，用某型发动机 Test-050 的前 46s 数据作为训练样本。

(3) 划分模糊区间。以训练数据的最大和最小值作为模糊输入的区间，以硬划分来建立初始化模糊规则，作为初始的发动机稳态工作过程辨识模型。

(4) 选定模糊隶属度函数的形状。

(5) 读取训练参数，训练模糊模型。

　　按照图 5-3 所示的故障检测与隔离方法,需要分别建立发动机关键部(组)件的模糊模型。在建立发动机推力室的模糊模型中,其模糊隶度属函数选为 Gauss 函数,并对推力室氧喷前压力和冷却套出口压力分别进行 5 等份和 3 等份的划分,输入参数的模糊隶属度函数分别为 6 个和 4 个。对于氧涡轮、氢涡轮和燃气发生器,按照第一个输入 5 等份划分、第二输入 3 等份划分,建立其相应的 T-S 模糊模型;氢泵和氧泵按照第一个输入 3 等份划分、第二输入 5 等份划分建立其对应的 T-S 模糊模型。各部件输入参数如表 5-1 所示。

表 5-1　所确定的输入输出参数

输入参数	输出参数	输入参数	输出参数
推力室氧喷前压力 Py 氢冷却套出口压力 Pel	推力室压力 Pk	燃气发生器氧喷前压力 Pfy 燃气发生器氢喷前压力 Pfr	燃气发生器压力 Pf
氧涡轮入口压力 Powy 氧涡轮出口压力 Pewy	氧泵转速 Nwy	氧泵前阀门入口压力 Pohy 氧泵转速 Nwy	氧泵出口压力 Pey
氢涡轮入口压力 Powr 氢涡轮出口压力 Pewr	氢泵转速 Nwr	氢泵前阀门入口压力 Pohy 氢泵转速 Nwr	氢泵出口压力 Pey

　　将训练样本依次输入,并按照卡尔曼滤波算法辨识模糊模型的参数。用 Test-050 次试车中 16~36s 的数据检验训练的模糊模型,结果如图 5-5 所示。

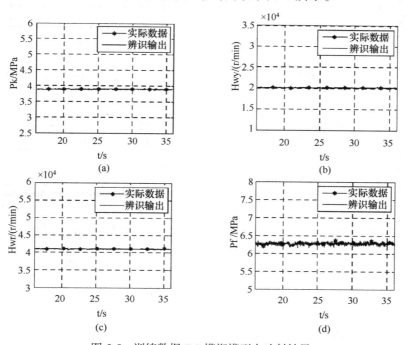

图 5-5　训练数据 T-S 模糊模型自映射结果

　　表 5-2 给出了 T-S 模糊模型训练的误差。表中的数值已进行了归一化处理。从表 5-2 可以看出,T-S 模糊模型用训练数据进行自映射检验的结果可以达到很高的精度。由此可

知，T-S 模糊模型具有很强的重构非线性映射的能力，只要对 T-S 模糊模型进行充分的训练，就可以在特定的情况下用于预测复杂系统的输出，作为故障检测的依据。

表 5-2　T-S 模糊模型训练数据误差

序号	训练误差均值	训练误差方差	训练误差最大值
1	0.000139	0.001641	0.007049
2	0.000507	0.002298	0.007488
3	−0.000261	0.001534	0.004198
4	−0.000197	0.003669	0.011772
5	0.001207	0.006291	0.034017
6	0.001681	0.008146	0.017933

用某型发动机 Test-051 次试车数据来测试上述 T-S 模糊模型，输出结果如图 5-6 所示。结果表明，T-S 模糊模型的辨识精度较高，结果令人满意。

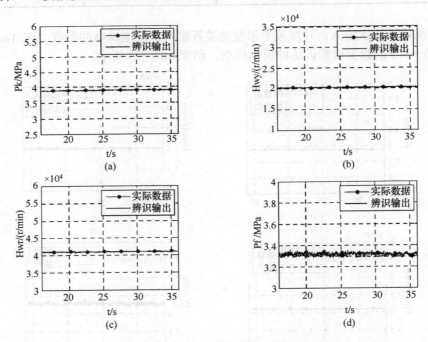

图 5-6　测试数据辨识结果

2. 稳态过程的 ANFIS 辨识模型

选取 Test-050 次试车的前 46s 数据作为训练数据，建立发动机稳态过程的 ANFIS 辨识模型。首先，设定输入参数的划分区间数量，并采用误差反向传播学习算法修改模糊模型的参数和模糊隶属度函数的中心和方差，以自适应调整模糊推理系统的参数。然后，对于训练好的 ANFIS 辨识模型，用 Test-050 次试车中 16～36s 的数据进行测试检验，结果如图 5-7 所示。

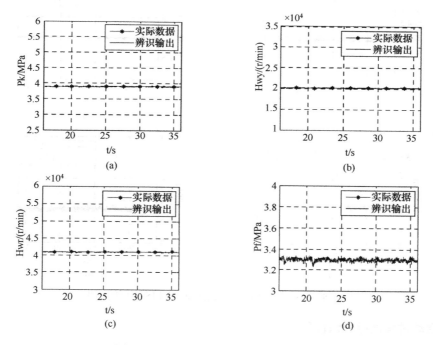

图 5-7　训练数据用 ANFIS 自映射结果

表 5-3 给出了 ANFIS 模型的训练误差。从表 5-3 可以看出，ANFIS 模型用训练数据进行自映射检验的结果可以达到很高的精度。

表 5-3　ANFIS 模型训练数据误差

序号	训练误差均值	训练误差方差	训练误差最大值
1	0.000020	0.001379	0.006653
2	0.000278	0.002202	0.007576
3	−0.000253	0.001473	0.004035
4	−0.000164	0.003666	0.011562
5	0.001023	0.006040	0.034462
6	0.001797	0.008219	0.016682

用 Test-051 次试车数据对 ANFIS 模型进行测试，结果如图 5-8 所示。从图 5-8 可以看出，对于测试用的试车数据，ANFIS 模型也达到了比较高的精度，说明 ANFIS 模型具有很好的重构能力。

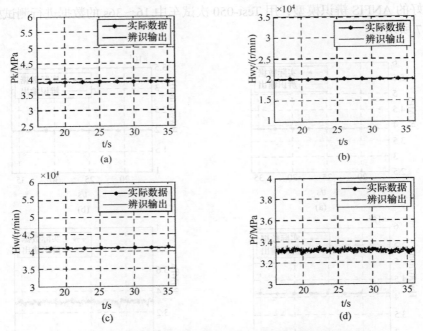

图 5-8　Test-051 次试车数据测试 ANFIS 模型的结果

5.3.2　启动过程模糊辨识模型

1. 启动过程 T-S 模糊模型辨识

　　由于发动机启动过程各参数变化剧烈，难以用基于数学模型的数值仿真得到比较好的结果，而用模糊建模的方法对启动过程进行辨识，是一种好的选择。对于启动过程 T-S 模糊模型，其输入参数的初始划分区间与 5.3.1 节稳态过程的输入参数初始划分相同。训练数据选用 Test-050 次试车的前 4s 数据，训练结果如图 5-9 所示。

　　用 Test-051 次试车启动过程 0～4s 的数据对 T-S 模糊模型进行测试，结果如图 5-10 所示。由于启动过程参数变化较大，有些参数局部辨识误差较大，但总体来说，辨识精度比较高。

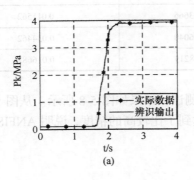

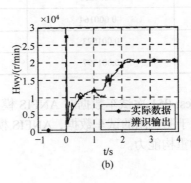

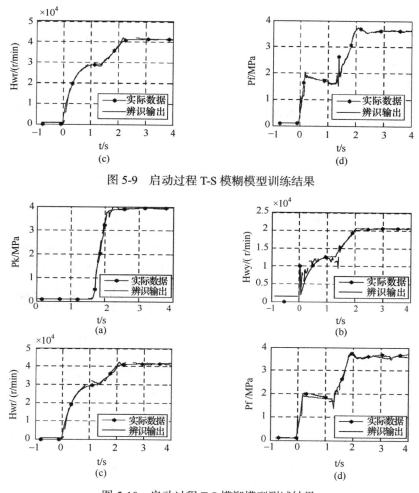

图 5-9　启动过程 T-S 模糊模型训练结果

图 5-10　启动过程 T-S 模糊模型测试结果

2. 启动过程 ANFIS 辨识模型

建立发动机启动过程的 ANFIS 辨识模型，所用方法同 5.3.1 节稳态过程 ANFIS 模型建模方法。用 Test-050 次试车中的启动过程测量数据进行训练，结果如图 5-11 所示。

用 Test-051 次试车启动过程 0～6s 的数据测试 ANFIS 辨识模型，结果如图 5-12 所示。

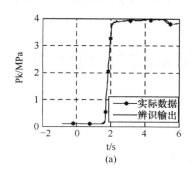

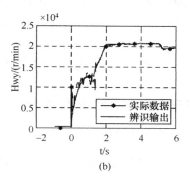

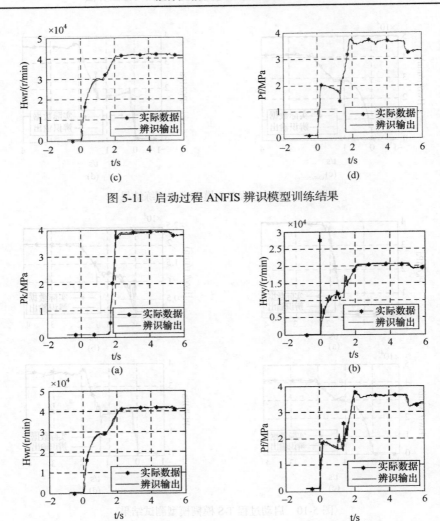

图 5-11　启动过程 ANFIS 辨识模型训练结果

图 5-12　启动过程 ANFIS 辨识模型测试结果

　　从上述结果可以看出，对于与训练数据相近的试车数据，模糊模型的训练和测试精度都比较高。然而，上述结果是在训练数据仅取一次试车数据的情况下获得的。在试车数据充足的情况下，可以将多次正常试车数据通过模糊 C-均值处理后作为训练数据，对模糊模型进行训练，这样有望得到更好的结果。

5.4　基于模糊辨识模型的发动机故障诊断实例

5.4.1　基于模糊辨识模型的故障检测

1. 稳态过程故障检测

基于模糊模型的稳态过程故障检测步骤分为以下几步。

(1)确定各个部件的输入,利用已经训练好的模糊辨识模型,得到 6 个部件的模糊模型对系统的预测输出。

(2)将 6 个部件预测输出与系统实际输出进行比较,得到残差向量。

(3)将残差向量的模 $S_e =\| \varepsilon \|= \sqrt{\sum_{i=1}^{6} \varepsilon_i^2}$ 与预设的检测阈值进行比较,完成故障检测。当 $S_e > S_m$ 时,认为故障发生,当 $S_e \leqslant S_m$ 时,认为正常,其中 S_m 为故障检测阈值。

为了降低误报警率,提高检测算法的鲁棒性,故障检测过程中还将引入持续性检验规则,即如果残差只是一次超越阈值并不认为发动机发生故障,则只判定其工作异常;只有当残差连续超越阈值 3 次时才认为发动机发生故障,并发出报警。

由于检测指标为向量的模量,阈值的选择难以根据向量来选择,可以选取训练误差较大的部件误差的 3 倍作为阈值。参考表 4-2 和表 4-3 中最大训练误差,统计多次试车数据故障检测的情况,选取为 0.1。

按照上述故障检测算法,对 46 次历史试车的稳态过程进行故障检测,检测到 5 次试车故障。

图 5-13 和图 5-14 分别是 T-S 模糊模型和 ANFIS 故障检测算法对 Test-008 稳态故障的检测结果。T-S 模糊模型的故障检测算法在 42.58s 报警,ANFIS 故障检测算法在 42.56s 报警,红线关机系统在 43.2s 报警。

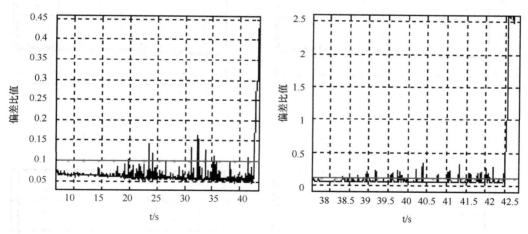

图 5-13　Test-008 次试车 T-S 模糊模型检测结果　　图 5-14　Test-008 次试车 ANFIS 模型检测结果

图 5-15 和图 5-16 分别是 T-S 模糊模型和 ANFIS 故障检测算法对 Test-016 次稳态故障的检测结果。T-S 模糊模型的故障检测算法在 275.8s 报警,ANFIS 故障检测算法在 275.28s 报警,红线关机系统在 275.8s 报警。

图 5-17 和图 5-18 分别是 T-S 模糊模型和 ANFIS 故障检测算法对 Test-045 次稳态故障的检测结果。T-S 模糊模型的故障检测算法和 ANFIS 故障检测算法都在 29.96s 报警,红线关机系统在 30.2s 报警。

图 5-19 和图 5-20 分别是 T-S 模糊模型和 ANFIS 故障检测算法对 Test-050 次稳态故

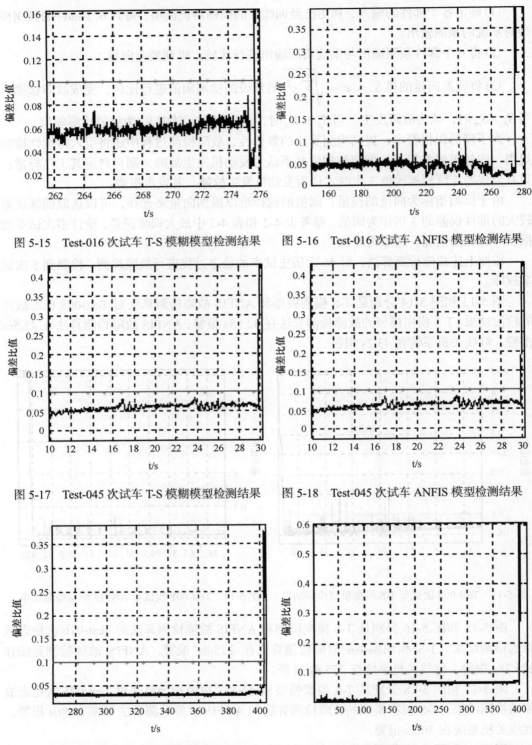

图 5-15 Test-016 次试车 T-S 模糊模型检测结果　　图 5-16 Test-016 次试车 ANFIS 模型检测结果

图 5-17 Test-045 次试车 T-S 模糊模型检测结果　　图 5-18 Test-045 次试车 ANFIS 模型检测结果

图 5-19 Test-050 次试车 T-S 模糊模型检测结果　　图 5-20 Test-050 次试车 ANFIS 模型检测结果

障的检测结果，T-S 模糊模型的故障检测算法和 ANFIS 故障检测算法都在 402.56s 报警，红线关机系统在 402.8s 报警。

图 5-21 和图 5-22 分别是 T-S 模糊模型和 ANFIS 故障检测算法对 Test-027 次稳态故障的检测结果，T-S 模糊模型的故障检测算法在 10.54s 报警，ANFIS 故障检测算法在 11.74s 报警，红线关机系统在 13.0s 报警。

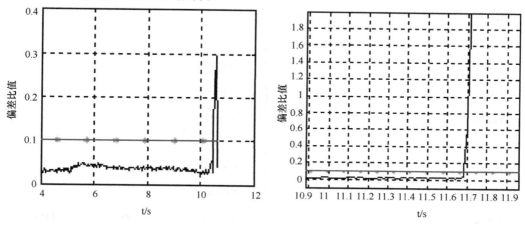

图 5-21　Test-027 次试车 T-S 模糊模型检测结果　　图 5-22　Test-027 次试车 ANFIS 模型检测结果

表 5-4 为 T-S 模糊模型的故障检测算法和 ANFIS 的故障检测算法对 5 次故障数据的检测结果。从表 5-4 可以看出，本章检测算法能够比以往算法更加及时地检测出故障，没有出现漏报警。

表 5-4　稳态过程故障试车模糊模型故障检测算法结果　　　　　　（单位：s）

试车号	红线关机系统时间	BP 检测时间	RBF 检测时间	T-S 模糊模型检测时间	ANFIS 模型检测时间
Test-008	43.2	42.8	42.8	42.58	42.56
Test-016	275.8	275.8	275.7	275.8	275.28
Test-045	30.2	30.2	30.2	29.96	29.96
Test-050	402.7	402.8	402.8	402.56	402.56
Test-027	13.0	12.3	12.3	10.54	11.74

表 5-5 为 46 次历史试车的稳态过程数据，对模糊模型的稳态故障检测算法的验证结果。从表 5-5 中可以看出，本章检测算法对于正常试车，没有出现误报警。

表 5-5　稳态过程的模糊模型故障检测验证结果

试车数据	T-S 检测结果	ANFIS 检测结果	试车数据	T-S 检测结果	ANFIS 检测结果
Test-006	4.3	4.3	Test-010	—	—
Test-007	—	—	Test-011		
Test-008	42.5	42.56	Test-012		
Test-009			Test-013		

续表

试车数据	T-S 检测结果	ANFIS 检测结果	试车数据	T-S 检测结果	ANFIS 检测结果
Test-014	—	—	Test-034	—	—
Test-015	—	—	Test-035	—	—
Test-016	275.8	275.28	Test-036	—	—
Test-017	—	—	Test-038	—	—
Test-018	—	—	Test-039	—	—
Test-019	—	—	Test-040	—	—
Test-020	—	—	Test-041	—	—
Test-021	—	—	Test-042	—	—
Test-022	—	—	Test-043	—	—
Test-023	—	—	Test-044	—	—
Test-024	—	—	Test-045	29.96	29.96
Test-025	—	—	Test-046	—	—
Test-026	—	—	Test-047	—	—
Test-027	10.54	11.74	Test-048	—	—
Test-028	—	—	Test-049	—	—
Test-029	—	—	Test-050	402.56	402.56
Test-030	—	—	Test-051	—	—
Test-031	—	—	Test-052	—	—
Test-033	—	—	Test-053	—	—

注：— 表示没有检测出故障。

2. 启动过程故障检测

本节利用前面针对发动机启动过程已训练好的模糊辨识模型，对液体火箭发动机启动过程进行故障检测。启动过程故障检测算法与稳态过程故障检测类似，阈值同样选取为 0.1。

图 5-23 和图 5-24 分别是利用 T-S 模糊模型和 ANFIS 模型对有故障试车 Test-032 启动过程进行检测结果。T-S 模糊模型的故障检测算法在 1.72s 报警，ANFIS 模型的故障检测算法在 1.74s 报警。

图 5-25 给出了利用 T-S 模糊模型对 Test-037 次试车的启动过程进行检测的结果，此次试车在启动过程中发生了故障，该算法在 1.42s 发出了报警。

图 5-26 是利用 ANFIS 模型对 Test-037 次试车的启动过程进行检测的结果，其报警时间为 1.48s。

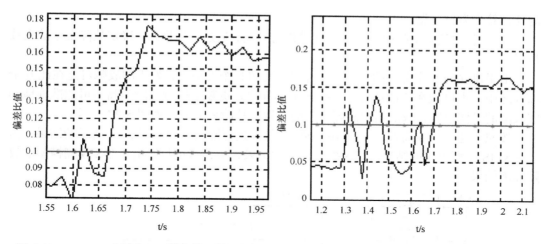

图 5-23 Test-032 次试车 T-S 模糊模型检测结果　　　图 5-24 Test-032 次试车 ANFIS 模型检测结果

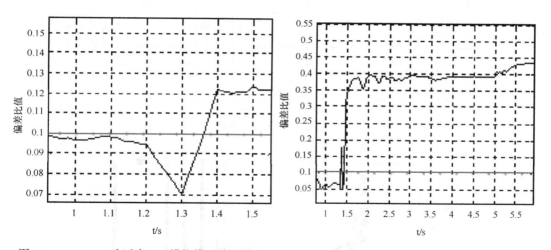

图 5-25 Test-037 次试车 T-S 模糊模型检测结果　　　图 5-26 Test-037 次试车 ANFIS 模型检测结果

5.4.2 基于模糊辨识模型的稳态过程故障隔离

　　如果稳态过程故障检测算法检测到故障，就要进行故障的隔离。由于各部分的模糊模型并非精确的物理模型，其残差变大并不一定是哪个部分发生故障，只能说明其偏离了已有的正常的工作状态。所以在故障定位的过程中，故障的推理是一个困难的步骤。

　　故障隔离方案如图 5-27 所示，故障隔离的算法步骤如下。

　　(1)取报警时刻及前两个时刻数据共三个时刻的残差向量，求得残差向量的均值。

　　(2)将各个部件残差量均值进行归一化处理，求得各个部件的残差贡献率 $\overline{\varepsilon}_i$，使得 $\sum\limits_{i=1}^{6}\overline{\varepsilon}_i=1$。

　　(3)将各部分的误差贡献率用模糊 C-均值方法分为两类,一类为包含最大残差贡献率的类，其余为另一类。

（4）对包含残差贡献率最大类的部件进行判断，通过故障推理，确定故障发生的大致位置。

由于建立的 6 个部件的模糊模型并没有覆盖整个发动机，发生的故障可能在此 6 个部件之中，也可能在其他部分。根据各个部件残差贡献率进行故障隔离不可能准确地确定故障的具体位置，只能给出故障可能的位置。故障隔离方法如图 5-27 所示。

按照上述故障隔离方法，对 Test-008 次故障进行隔离，得到图 5-28 所示的结果。由于 ANFIS 模型得到的结果与 T-S 模糊模型的结果相似，这里只给出了 T-S 模糊模型的故障隔离结果。

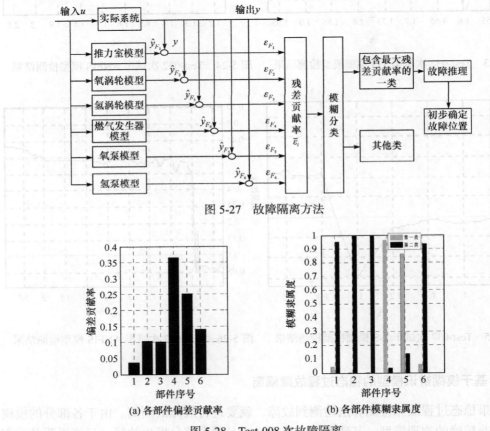

图 5-27　故障隔离方法

（a）各部件偏差贡献率　　（b）各部件模糊隶属度

图 5-28　Test-008 次故障隔离

从图 5-28 可以看出，燃气发生器压力与氧泵出口压力残差贡献率较大，故障与这两个部件联系紧密，推断可能为燃气发生器氧路发生故障。事后检测得知：故障原因是氧副系统管路加工的残余物堵塞了氧副系统文氏管，使副系统氧流量减少而引起发动机工况下降。

图 5-29 为 Test20-0 次故障隔离结果。从图 5-29 可以看出，第 3 和第 6 个部件偏差贡献率较大，同属于另一类。第 3 和第 6 个部件分别为氢涡轮和氢泵，判断可能为氢涡轮泵系统出现故障。事后分析结果表明故障原因是氢泵诱导轮松动与泵壳体摩擦。

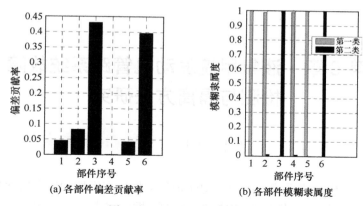

(a) 各部件偏差贡献率　　　　　(b) 各部件模糊隶属度

图 5-29　Test20-0 次故障隔离

　　对于上述两次确定的故障，基于 T-S 模糊模型的故障隔离系统得到的结果与实际情况符合，能够初步地隔离出故障位置。

第 6 章 液氧甲烷发动机管路系统故障
检测与隔离方法研究

6.1 引   言

　　液氧甲烷发动机管路系统一部分的功能是负责将液态甲烷和液态氧通过密闭的管道输送到相关的部件(如燃气发生器、甲烷泵、氧泵、推力室头腔等)，另一部分管路负责将燃气或气态推进剂通过密闭的管路输送到相关的部件(如甲烷涡轮和氧涡轮等)，管路中的介质在输送过程中还会通过各种阀门、节流元件和喷嘴等组件。但在发动机运行阶段，管路系统有时会受到强烈的振动而变形，有时会遭受骤冷骤热的温度变化甚至腐蚀等影响产生裂纹而泄漏，或者遇到大的工作载荷的原因而突然断裂。根据以往的经验管路发生堵塞故障的概率比较低，且堵塞故障往往都是由其他组件故障所引起的。因此本章前半部分从液体管路和气体管路两个方面，并分别针对管路与管路连接形式的泄漏与堵塞故障、管路与喷嘴连接形式的泄漏与堵塞故障展开研究。

　　无论液体管路还是气体管路，泄漏和堵塞都是典型的两种故障。管路故障特征既有缓变、又有突变的性质，是一个发展的过程，但从故障检测的角度来说，更多地归类于突变故障，因为轻微的泄漏故障在发展初期几乎不会在系统参数和性能上有所反映，但当裂缝发展到一定程度时，会突然对系统性能产生大的影响，使相关参数发生明显变化。ATA 故障检测算法对于这种突变类的故障具有明显检测效果，既能适应管路工况的变化自适应地更新阈值，避免产生误报警，又能在泄漏故障对系统性能和参数产生明显影响的时刻，快速检测出故障并报警。所以本章后半部分针对管路的故障特点，选用基于 ATA 算法的管路故障检测与隔离算法，并用液氧甲烷发动机的管路数据进行验证。

6.2 发动机液体管路故障

　　由于管路发生泄漏或者堵塞时，管路的流场会发生变化，基于管路流量与压力的关系，故障发生段的压差与整段管路压差比值必然会发生变化。所以本章首先定义一个故障检测因子，令它等于故障段压差与整个管路的压差比值，它是一个无量纲数，后面故障检测可以依据此特征量在管路故障时的变化大小作为管路故障的检测量。

　　液氧甲烷发动机的液体管路是指管道内流动液态甲烷和液态氧的部分，其输送期间还会通过各种阀门、节流元件和喷嘴等组件，最后到达燃气发生器、甲烷泵、氧泵、推力室头腔等部件。所以本节将按照管路与管路、管路与喷嘴两种管路连接方式，分别分析在管路泄漏与阻塞时，故障检测因子及其微分值的变化规律。

6.2.1　管路与管路连接方式故障

管路与管路连接段泄漏图，如图 6-1 所示。

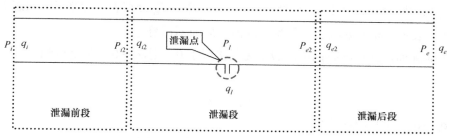

图 6-1　管路与管路连接段泄漏图

在图 6-1 中，管路依据泄漏点前后将管路分为泄漏前段、泄漏段和泄漏后段，P_i、P_{i2}、P_l、P_{e2}、P_e 分别代表泄漏前段入口、泄漏前段出口（即泄漏段入口）、泄漏点位置、泄漏后段入口（即泄漏段出口）、泄漏后段出口的压强；q_i、q_{i2}、q_l、q_{e2}、q_e 分别代表泄漏前段入口、泄漏前段出口（即泄漏段入口）、泄漏点、泄漏后段入口（即泄漏段出口）、泄漏后段出口的流量，其中 $q_{i2}=q_l+q_{e2}$，$q_i=q_{i2}$，$q_{e2}=q_e$。

根据液体管路流动方程可得泄漏前段压强与流量关系式：

$$P_i - P_{i2} = \alpha_1 q_i^2 \tag{6-1}$$

泄漏段又可分为两段分析，泄漏点前段和泄漏点后段，下面为这两段压强流量关系式：

$$P_{i2} - P_l = \alpha_{21} q_{i2}^2 \tag{6-2}$$

$$P_l - P_{e2} = \alpha_{22} q_{e2}^2 \tag{6-3}$$

泄漏后段压强与流量关系：

$$P_{e2} - P_e = \alpha_3 q_e^2 \tag{6-4}$$

式中，α_1、α_3 分别代表各段的流阻系数，在一定范围内认为是常量；α_{21}、α_{22} 分别代表泄漏段中泄漏点前段和泄漏点后段流阻系数，$\alpha_2=\alpha_{21}+\alpha_{22}$。

令管路故障检测因子 $\gamma = \dfrac{P_{i2} - P_{e2}}{P_i - P_e}$，如果只考虑管路的静态方程，则在管路未发生泄漏时，有

$$\gamma_n = \frac{P_{i2n} - P_{e2n}}{P_{in} - P_{en}} = \frac{\alpha_2 q_{i2}^2}{\alpha_1 q_i^2 + \alpha_2 q_{i2}^2 + \alpha_3 q_{e2}^2} = \frac{\alpha_2}{\alpha_1 + \alpha_2 + \alpha_3} \tag{6-5}$$

式中，γ_n 表示管路正常状态下故障状态因子量；P_{in}、P_{en} 分别表示管路正常状态下的 P_i、P_e；下标 n 表示管路正常状态的各测点的参数值，后面不再赘述。

当管路发生泄漏故障时，故障检测因子为

$$\gamma_l = \frac{P_{i21} - P_{e21}}{P_{il} - P_{el}} = \frac{\alpha_{21}q_{il}^2 + \alpha_{22}q_{el}^2}{(\alpha_1 + \alpha_{21})q_{il}^2 + (\alpha_3 + \alpha_{22})q_{el}^2} \tag{6-6}$$

式中，γ_l 表示管路正常状态下故障状态因子量；P_{il}、P_{el} 分别表示管路正常状态下的 P_i、P_e；下标 l 表示管路泄漏状态下各参数的值，后面不再赘述。

由于泄漏前段的长度我们可以假定无限接近于 0，则 $\alpha_1 \approx 0$，于是得到

$$\frac{\alpha_{21}}{\alpha_{22}} > \frac{\alpha_1}{\alpha_3} \tag{6-7}$$

又因为 $q_{il} > q_{el}$，则显然可得

$$\frac{\alpha_{21}q_{il}^2 + \alpha_{22}q_{el}^2}{(\alpha_1 + \alpha_{21})q_{il}^2 + (\alpha_3 + \alpha_{22})q_{el}^2} > \frac{\alpha_2}{\alpha_1 + \alpha_2 + \alpha_3} \tag{6-8}$$

也就是说

$$\gamma_l > \gamma_n \tag{6-9}$$

当故障发生时，为了进一步确定故障发生的时间，将故障检测因子对时间进行微分，那么由式 (6-9) 得

$$\frac{d\gamma}{dt} > 0 \tag{6-10}$$

因此可得结论：在液体管路与管路连接方式下，当管路部分发生泄漏故障时，管路故障检测因子会变大。

管路与管路连接段堵塞图如图 6-2 所示。

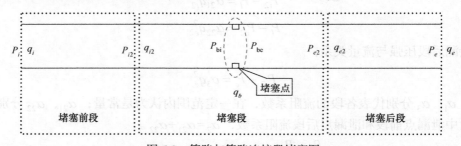

图 6-2　管路与管路连接段堵塞图

在图 6-2 中，管路依据堵塞点前后将管路分为堵塞前段、堵塞段和堵塞后段，P_i、P_{i2}、P_{bi}、P_{be}、P_{e2}、P_e 分别代表堵塞前段入口、堵塞前段出口（即堵塞段入口）、堵塞点前、堵塞点后、堵塞后段入口（即堵塞段出口）、堵塞后段出口的压强；q_i、q_{i2}、q_b、q_{e2}、q_e 分别代表堵塞前段入口、堵塞前段出口（即堵塞段入口）、堵塞点、堵塞后段入口（即堵塞段出口）、堵塞后段出口的流量。对于堵塞前段和堵塞后段的管路压强流量关系式如式 (6-1) 和式 (6-4)。在堵塞段中，堵塞点前流阻系数为 α_{21}，堵塞点后流阻系数为 α_{22}，则 $\alpha_{21} + \alpha_{22} = \alpha_2$。令 ΔP_b 为堵塞点压强损失，则 $P_{bi} = P_{be} + \Delta P_b$。

同理，可得管路正常状态下管路故障检测因子为

$$\gamma_n = \frac{P_{i2n} - P_{e2n}}{P_{in} - P_{en}} = \frac{\alpha_2(P_{in} - P_{en})}{\alpha_1 + \alpha_2 + \alpha_3} \Big/ (P_{in} - P_{en}) = \frac{\alpha_2}{\alpha_1 + \alpha_2 + \alpha_3} \tag{6-11}$$

管路堵塞状态下的故障检测因子为

$$\gamma_b = \frac{P_{i2b} - P_{e2b}}{P_{ib} - P_{eb}} = \frac{\alpha_{21}q_b^2 + \alpha_{22}q_b^2 + \Delta P_b}{(\alpha_1 + \alpha_{21})q_b^2 + (\alpha_3 + \alpha_{22})q_b^2 + \Delta P_b} = \frac{\alpha_2 + \Delta P_b / q_b^2}{\alpha_1 + \alpha_2 + \alpha_3 + \Delta P_b / q_b^2} \tag{6-12}$$

式中，各参数的角标 b 表示该参数在堵塞状态下的值，后面不再赘述。

因为 $\Delta P_b / q_b^2 > 0$，所以

$$\frac{\alpha_2 + \Delta P_b / q_b^2}{\alpha_1 + \alpha_2 + \alpha_3 + \Delta P_b / q_b^2} > \frac{\alpha_2}{\alpha_1 + \alpha_2 + \alpha_3} \tag{6-13}$$

即

$$\gamma_l > \gamma_n \tag{6-14}$$

当故障发生时，为了进一步确定故障发生的时间，将故障检测因子对时间进行微分，那么由式(6-14)可得

$$\frac{\mathrm{d}\gamma}{\mathrm{d}t} > 0 \tag{6-15}$$

因此可得结论：在液体管路与管路连接方式下，当管路部分发生堵塞故障时，管路故障检测因子会变大。

6.2.2　管路与喷嘴连接方式故障

根据实际工程经验，管路与喷嘴的连接方式中，泄漏故障多发生在管路侧，管路与喷嘴连接段泄漏图如图 6-3 所示。

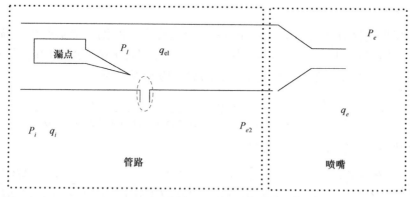

图 6-3　管路与喷嘴连接段泄漏图

在图 6-3 中，P_i、P_l、P_{e2}、P_e 分别表示管路段入口、泄漏点、管路段出口(即喷嘴入口)、喷嘴出口的压强；q_i、q_{el}、q_e 分别代表管路入口、管路出口(即喷嘴入口)、喷嘴出口的工质流量。

液体喷嘴流量与压强的关系为

$$P_{e2} - P_e = \frac{q_e^2}{2(\mu F)^2 \rho_e} \tag{6-16}$$

式中，ρ_e 表示工质密度，假定在一定范围内为定值；μF 表示喷嘴的流量系数。则正常状态下管路的故障检测因子为

$$\gamma_n = \frac{P_i - P_{e2}}{P_i - P_e} = \frac{\alpha_1 q_i^2}{\alpha_1 q_i^2 + q_e^2 / [2(\mu F)^2 \rho_e]} = \frac{\alpha_1}{\alpha_1 + 1 / [2(\mu F)^2 \rho_e]} \tag{6-17}$$

式中，α_1 表示管路的流阻系数。故障状态时，在一定范围内可认为 $\alpha_{11} + \alpha_{12} = \alpha_1$，$\alpha_{11}$ 表示泄漏点之前管路的流阻系数，α_{12} 表示泄漏点之后的管路流阻系数。

泄漏状态下的故障检测因子为

$$\gamma_l = \frac{P_{il} - P_{e2l}}{P_{il} - P_{el}} = \frac{\alpha_{11} q_{il}^2 + \alpha_{12} q_{el}^2}{\alpha_{11} q_{il}^2 + \alpha_{12} q_{el}^2 + q_{el}^2 / [2(\mu F)^2 \rho_e]} = \frac{\alpha_{11}\left(\dfrac{q_{il}^2}{q_{el}^2}\right) + \alpha_{12}}{\alpha_{11}\left(\dfrac{q_{il}^2}{q_{el}^2}\right) + \alpha_{12} + 1 / [2(\mu F)^2 \rho_e]} \tag{6-18}$$

由于 $q_{il} > q_{el}$，所以显然可以得到

$$\gamma_l > \gamma_n \tag{6-19}$$

当故障发生时，为了进一步确定故障发生的时间，将故障检测因子对时间进行微分，那么由式 (6-19) 可得

$$\frac{d\gamma}{dt} > 0 \tag{6-20}$$

因此可以发现，在液体管路与喷嘴连接方式下，当管路部分发生泄漏故障时，管路故障检测因子会变大。

管路与喷嘴连接方式的堵塞故障分两种，堵塞点在管路侧和堵塞点在喷嘴侧，针对第一种情况，如图 6-4 所示。在图 6-4 中，P_{ib}、P_{eb} 分别表示堵塞点前后的压强，其余符号含义与图 6-3 中类似。在正常状态下，管路故障检测因子为

$$\gamma_n = \frac{P_{in} - P_{e2n}}{P_{in} - P_{en}} = \frac{\alpha_1 q_i^2}{\alpha_1 q_i^2 + q_e^2 / [2(\mu F)^2 \rho_e]} = \frac{\alpha_1}{\alpha_1 + 1 / [2(\mu F)^2 \rho_e]} \tag{6-21}$$

在故障状态下，管路的故障检测因子为

$$\gamma_b = \frac{P_{ib} - P_{e2b}}{P_{ib} - P_{eb}} = \frac{\alpha_{11} q_{ib}^2 + \alpha_{12} q_{eb}^2 + \Delta P_b}{\alpha_{11} q_{ib}^2 + \alpha_{12} q_{eb}^2 + q_{eb}^2 / [2(\mu F)^2 \rho_e]} = \frac{\alpha_{11} + \alpha_{12} + \Delta P_b / q_{eb}^2}{\alpha_{11} + \alpha_{12} + 1 / [2(\mu F)^2 \rho_e]} \tag{6-22}$$

式中，$\Delta P_b = P_{ib} - P_{eb}$，表示堵塞点前后压强差；$\alpha_{11}$ 表示管路堵塞点前流阻系数；α_{12} 表示管路堵塞点后段流阻系数，在一定范围内认为 $\alpha_{11} + \alpha_{12} = \alpha_1$。

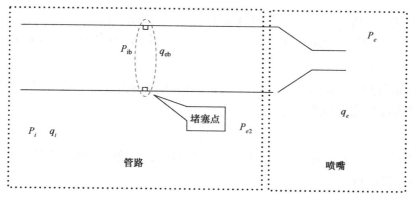

图 6-4　管路与喷嘴连接段管路侧堵塞

又因为 $\Delta P_b / q_{eb}^2 > 0$，不考虑液体密度变化，则显然得

$$\gamma_b > \gamma_n \tag{6-23}$$

当故障发生时，为了进一步确定故障发生的时间，将故障检测因子对时间进行微分，那么由式(6-23)可得

$$\frac{\mathrm{d}\gamma}{\mathrm{d}t} > 0 \tag{6-24}$$

因此可以发现，在液体管路与喷嘴连接方式下，当管路部分发生堵塞故障时，管路故障检测因子会变大。

对于管路与喷嘴连接方式堵塞点在喷嘴侧的情况如图 6-5 所示。在图 6-5 中，P_i、P_{e2}、P_e 分别表示管路段入口、管路段出口(即喷嘴入口)、喷嘴出口的压强。在正常状态下管路系统的故障检测因子为

$$\gamma_n = \frac{P_{e2} - P_e}{P_i - P_e} = \frac{q_e^2 / [2(\mu F)^2 \rho_e]}{\alpha_1 q_i^2 + q_e^2 / [2(\mu F)^2 \rho_e]} = \frac{1 / [2(\mu F)^2 \rho_e]}{\alpha_1 + 1 / [2(\mu F)^2 \rho_e]} = \frac{1}{2\alpha_1 (\mu F)^2 \rho_e + 1} \tag{6-25}$$

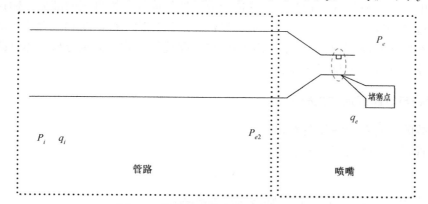

图 6-5　管路与喷嘴连接段喷嘴侧堵塞

在故障状态下，管路系统的故障检测因子为

$$\gamma_b = \frac{P_{e2b} - P_{eb}}{P_{ib} - P_{eb}} = \frac{q_{eb}^2 / [2(\mu F')^2 \rho_e]}{\alpha_1 q_{ib}^2 + q_{eb}^2 / [2(\mu F')^2 \rho_e]} = \frac{1 / [2(\mu F')^2 \rho_e]}{\alpha_1 + 1 / [2(\mu F')^2 \rho_e]} = \frac{1}{2\alpha_1 (\mu F')^2 \rho_e + 1}$$

$$(6\text{-}26)$$

式中，α_1 表示管路段流阻系数；$\mu F'$ 表示喷嘴堵塞时的流量系数，则 $\mu F' < \mu F$。如果不考虑液体的密度变化，显然可得

$$\gamma_b > \gamma_n \tag{6-27}$$

当故障发生时，为了进一步确定故障发生的时间，将故障检测因子对时间进行微分，那么由式(6-27)可得

$$\frac{\mathrm{d}\gamma}{\mathrm{d}t} > 0 \tag{6-28}$$

因此可以发现，在液体管路与喷嘴连接方式下，当喷嘴部分发生堵塞故障时，管路故障检测因子也会变大。

综上所述，在液体管路系统内无论管路与管路连接方式，还是管路与喷嘴连接方式，相应的故障检测因子都会在管路系统发生故障时而变大，所以可以将故障检测因子作为液体管路系统故障检测与隔离的观测量，来判断相应管路是否发生故障。为了在故障发生时尽早判断出故障发生的时间，对故障检测因子做进一步的微分，那么在故障发生时，$\frac{\mathrm{d}\gamma}{\mathrm{d}t}$ 的值会陡然剧增，而在未发生故障阶段和故障发生后故障发展处于稳定的阶段，由于实际试车中发动机各项参数存在一定的正常波动，所以 $\frac{\mathrm{d}\gamma}{\mathrm{d}t}$ 的值会在 0 附近的小范围内正常波动。

6.3　发动机气体管路故障

液氧甲烷发动机的气体管路是指管道内流动燃气或气态推进剂的部分，输送过程期间还会通过各种阀门、节流原件和喷嘴等组件，最后到达甲烷涡轮和氧涡轮等部件。所以本节依然按照管路与管路、管路与喷嘴两种管路连接方式，分别分析气体管路泄漏与阻塞的故障判别因子量及其微分值。

6.3.1　管路与管路连接方式故障

泄漏故障的管路简图如图 6-1 所示。

气体管路的压强与流量关系为

$$\Delta P = cq \tag{6-29}$$

根据式(6-29)可得泄漏前段压强与流量关系式：

$$P_i - P_{i2} = c_1 q_i \tag{6-30}$$

对于泄漏段，泄漏点前段压强流量关系式为

$$P_{i2} - P_l = c_{21}q_{i2} \qquad (6\text{-}31)$$

对于泄漏段，泄漏点后段压强流量关系式为

$$P_l - P_{e2} = c_{22}q_{e2} \qquad (6\text{-}32)$$

泄漏后段压强与流量关系：

$$P_{e2} - P_e = c_3 q_e \qquad (6\text{-}33)$$

式中，c_1、c_3分别代表各段的流阻系数，在一定范围内认为是常量；c_{21}、c_{22}分别代表泄漏段中泄漏点前段和泄漏点后段流阻系数，$c_2 = c_{21} + c_{22}$。

令气体管路故障检测因子 $\gamma = \dfrac{P_{i2} - P_{e2}}{P_i - P_e}$，则在管路未发生泄漏时，有

$$\gamma_n = \frac{P_{i2n} - P_{e2n}}{P_{in} - P_{en}} = \frac{c_2 q_{i2}}{c_1 q_i + c_2 q_{i2} + c_3 q_{e2}} = \frac{c_2}{c_1 + c_2 + c_3} \qquad (6\text{-}34)$$

式中，$q_{i1} = q_{i21} = q_{e21} + q_l = q_{e1} + q_l$；$\gamma_n$表示气体管路正常状态下故障状态因子量；$P_{in}$、$P_{en}$分别表示气体管路正常状态下的$P_i$、$P_e$；下标$n$表示气体管路正常状态的各测点的参数值，后面不再赘述。

当管路发生泄漏故障时，有

$$\gamma_l = \frac{P_{i21} - P_{e21}}{P_{il} - P_{el}} = \frac{c_{21}q_{il} + c_{22}q_{el}}{(c_1 + c_{21})q_{il} + (c_3 + c_{22})q_{el}} \qquad (6\text{-}35)$$

式中，γ_l表示管路正常状态下故障状态因子量；P_{il}、P_{el}分别表示管路正常状态下的P_i、P_e；下标l表示管路泄漏状态下各参数的值，后面不再赘述。

由于泄漏前段的长度我们可以假定无限接近于 0，则$c_1 \approx 0$，于是得到

$$\frac{c_{21}}{c_{22}} > \frac{c_1}{c_3} \qquad (6\text{-}36)$$

又因为$q_{il} > q_{el}$，则显然可得

$$\frac{\alpha_{21}q_{jl}^2 + \alpha_{22}q_{el}^2}{(\alpha_1 + \alpha_{21})q_{il}^2 + (\alpha_3 + \alpha_{22})q_{el}^2} > \frac{\alpha_2}{\alpha_1 + \alpha_2 + \alpha_3} \qquad (6\text{-}37)$$

也就是说

$$\gamma_l > \gamma_n \qquad (6\text{-}38)$$

当故障发生时，为了进一步确定故障发生的时间，将故障检测因子对时间进行微分，那么由式(6-38)可得

$$\frac{\mathrm{d}\gamma}{\mathrm{d}t} > 0 \qquad (6\text{-}39)$$

因此可得结论：在气体管路与管路连接方式下，当管路部分发生泄漏故障时，管路故障检测因子会变大。

对于堵塞情况，管路简图如图 6-2 所示，同液体管路与管路连接方式中的堵塞故障类似。同理得正常状态下管路的故障检测因子为

$$\gamma_n = \frac{P_{i2n} - P_{e2n}}{P_{in} - P_{en}} = \frac{c_2(P_{in} - P_{en})}{c_1 + c_2 + c_3} \bigg/ (P_{in} - P_{en}) = \frac{c_2}{c_1 + c_2 + c_3} \quad (6\text{-}40)$$

$$P_{ib} - P_{eb} = (c_1 + c_{21})q_b + (c_3 + c_{22})q_b + \Delta P_b \quad (6\text{-}41)$$

$$P_{i2b} - P_{e2b} = c_{21}q_b + c_{22}q_b + \Delta P_b \quad (6\text{-}42)$$

$$\gamma_b = \frac{P_{i2b} - P_{e2b}}{P_{ib} - P_{eb}} = \frac{c_{21}q_b + c_{22}q_b + \Delta P_b}{(c_1 + c_{21})q_b + (c_3 + c_{22})q_b + \Delta P_b} = \frac{c_2 + \Delta P_b / q_b}{c_1 + c_2 + c_3 + \Delta P_b / q_b} \quad (6\text{-}43)$$

式中，$\Delta P_b = P_{ibb} - P_{ebb} > 0$，则显然有

$$\gamma_b > \gamma_n \quad (6\text{-}44)$$

当故障发生时，为了进一步确定故障发生的时间，将故障检测因子对时间进行微分，那么由式(6-44)可得

$$\frac{\mathrm{d}\gamma}{\mathrm{d}t} > 0 \quad (6\text{-}45)$$

因此可得结论：在气体管路与管路连接方式下，当管路部分发生堵塞故障时，管路故障检测因子会变大。

6.3.2　管路与喷嘴连接方式故障

对于气体管路与喷嘴连接方式的泄漏故障如图 6-3 所示，其原理与液体管路相似。

由式(6-29)知，正常状态下，管路段的压强与流量关系：

$$P_{in} - P_{e2n} = c_1 q_i \quad (6\text{-}46)$$

泄漏状态下管路段的压强与流量的关系为

$$P_{il} - P_{e2l} = c_{11}q_{il} + c_{12}q_{el} \quad (6\text{-}47)$$

式中，c_{11} 表示管路泄漏点位置前的流阻系数；c_{12} 表示管路泄漏点位置后的流阻系数，在一定范围可认为不变，且 $c_{11} + c_{12} = c_1$。

喷嘴压强与流量的关系式为

$$q_e = \mu F P_{e2} Z \sqrt{\frac{1}{RT_e}} \times 10^6 = \mu F Z \sqrt{\frac{1}{RT_e}} \times 10^6 \times (P_{e2} - 0) \quad (6\text{-}48)$$

对于声速喷嘴 $Z = \sqrt{k\left(\frac{2}{k+1}\right)^{\frac{k+1}{k-1}}}$，由于通过喷嘴的工质流量与喷嘴出口压力无关，可以取喷嘴前后压强差为 $P_{e2} - 0$。令 $\Gamma^* = \mu F Z \sqrt{\frac{1}{RT_e}} \times 10^6$，则

$$P_{e2} - 0 = q_e / \Gamma^* \quad (6\text{-}49)$$

则正常状态下，管路故障检测因子为

$$\gamma_l = \frac{P_i - P_{e2}}{P_i - 0} = \frac{c_1 q_i}{c_1 q_i + q_e / \Gamma^*} \tag{6-50}$$

由于 $q_i = q_e$，则

$$\gamma_n = \frac{P_i - P_{e2}}{P_i - 0} = \frac{c_1}{c_1 + 1/\Gamma^*} \tag{6-51}$$

管路泄漏状态下，管路故障检测因子为

$$\gamma_l = \frac{P_{il} - P_{e2l}}{P_{il} - 0} = \frac{c_{11}q_{il} + c_{12}q_{el}}{c_{11}q_{il} + c_{12}q_{el} + q_{el}/\Gamma^*} = \frac{c_{11}q_{il}/q_{el} + c_{12}}{c_{11}q_{il}/q_{el} + c_{12} + 1/\Gamma^*} \tag{6-52}$$

又因为 $q_{il} > q_{el}$，且不考虑故障前后气体的温度变化，显然可得

$$\gamma_l > \gamma_n \tag{6-53}$$

当故障发生时，为了进一步确定故障发生的时间，将故障检测因子对时间进行微分，那么由式 (6-53) 可得

$$\frac{d\gamma}{dt} > 0 \tag{6-54}$$

因此可得结论：在气体管路与喷嘴连接方式下，当管路部分发生泄漏故障时，管路故障检测因子会变大。

气体管路与喷嘴连接方式的堵塞故障也分两种，堵塞点在管路侧和堵塞点在喷嘴侧，针对堵塞点在管路侧的情况，如图 6-4 所示。

根据气体管路压强流量关系式 (6-29) 和气体喷嘴的压强流量式 (6-49)，同理可以得到未发生故障时，故障检测因子为

$$\gamma_n = \frac{P_i - P_{e2}}{P_i - 0} = \frac{c_1 q_i}{c_1 q_i + q_e/\Gamma^*} = \frac{c_1}{c_1 + 1/\Gamma^*} \tag{6-55}$$

在管路堵塞时，故障检测因子为

$$\gamma_b = \frac{P_{ib} - P_{e2b}}{P_{ib} - 0} = \frac{c_{11}q_{ib} + c_{12}q_{eb} + \Delta P_b}{c_{11}q_{ib} + c_{12}q_{eb} + q_{eb}/\Gamma^*} = \frac{c_{11}q_{ib}/q_{eb} + c_{12} + \Delta P_b/q_{eb}}{c_{11}q_{ib}/q_{eb} + c_{12} + 1/\Gamma^*} \tag{6-56}$$

因为 $\Delta P_b = P_{ib} - P_{eb} > 0$，且 $q_{ib} = q_{eb}$、$c_1 = c_{11} + c_{12}$，不考虑故障前后气体温度的变化显然可以得到

$$\gamma_b > \gamma_n \tag{6-57}$$

当故障发生时，为了进一步确定故障发生的时间，将故障检测因子对时间进行微分，那么由式 (6-57) 可得

$$\frac{d\gamma}{dt} > 0 \tag{6-58}$$

因此可得结论：在气体管路与喷嘴连接方式下，当管路部分发生堵塞故障时，管路故障检测因子会变大。

针对堵塞点在喷嘴侧的结构简图，如图 6-5 所示。根据气体管路压强流量关系式 (6-29)

和气体喷嘴的压强流量式(6-49)，对于声速喷嘴，同理可得未发生故障时，管路系统的故障检测因子为

$$\gamma_n = \frac{P_{e2} - 0}{P_i - 0} = \frac{q_e / \Gamma^*}{c_1 q_i + q_e / \Gamma^*} = \frac{1 / \Gamma^*}{c_1 + 1 / \Gamma^*} \tag{6-59}$$

在喷嘴侧发生堵塞时，故障检测因子为

$$\gamma_b = \frac{P_{e2b} - 0}{P_{ib} - 0} = \frac{q_e / \Gamma^{*'}}{c_1 q_i + q_e / \Gamma^{*'}} = \frac{1 / \Gamma^{*'}}{c_1 + 1 / \Gamma^{*'}} \tag{6-60}$$

根据式(6-48)、式(6-49)中，由于喷嘴堵塞，所以

$$\mu F' < \mu F \tag{6-61}$$

于是

$$1 / \Gamma^{*'} > 1 / \Gamma^* \tag{6-62}$$

根据式(6-59)、式(6-60)和式(6-62)，显然可得

$$\gamma_b > \gamma_n \tag{6-63}$$

当故障发生时，为了进一步确定故障发生的时间，将故障检测因子对时间进行微分，那么由式(6-63)可得

$$\frac{d\gamma}{dt} > 0 \tag{6-64}$$

因此可得结论：在气体管路与喷嘴连接方式下，当喷嘴部分发生堵塞故障时，管路故障检测因子会变大。

综上所述，在气体管路系统内无论管路与管路连接方式，还是管路与喷嘴连接方式，相应的故障检测因子都会在管路系统发生故障时而变大，所以可以将故障检测因子作为故障检测与隔离的观测量，来判断相应管路是否发生故障。为了在气体管路故障发生时尽早判断出故障发生的时间，对故障检测因子做进一步的微分。那么在故障发生时，$\frac{d\gamma}{dt}$ 的值会陡然剧增，在未发生故障阶段和故障发生后故障发展处于稳定的阶段，由于实际试车中发动机各项参数存在一定的正常波动，所以 $\frac{d\gamma}{dt}$ 的值会在 0 附近的小范围内正常波动。

6.4　基于 ATA 算法的管路故障隔离方法研究与验证

管路故障特征既有缓变、又有突变的性质，是一个发展的过程，但从故障检测的角度来说，更多地归类于突变故障，因为轻微的泄漏故障在发展初期几乎不会在系统参数和性能上有所反映，但当裂缝发展到一定程度时，会突然对系统性能产生大的影响，使相关参数产生明显变化。ATA 算法对于这种突变类的故障具有明显检测效果，既能适应管路工况的变化和同一型号不同批次的发动机的不同而自适应地更新阈值，又能在泄漏和堵塞故障对系统性能和参数产生明显影响的情况下，准确地发现故障。

　　但该选取哪些指标作为故障检测与隔离的观测量,这又是一个问题。根据 6.3 节的分析,无论液体管路还是气体管路,当管路发生泄漏和堵塞故障时相应的故障检测因子都会变大,因此在对管路系统进行故障检测与隔离时,可以将各段管路对应的故障检测因子作为检测的观测量,当故障检测因子超出相应的阈值时,便判定此段管路出现故障。同时,为了准确判断出故障发生的时间,当 ATA 算法报警后,对相应管路的故障检测因子进行微分检测,进一步确定故障发生的准确时间。

6.4.1　ATA 算法原理

　　ATA 算法是由切比雪夫不等式推导而来的,假设 x 为一个随机变量,它的期望为 $E(x) = \mu < \infty$,方差为 $D(x) = \sigma^2 < \infty$,则对于任意的正 n,有

$$P(|x - \mu| \geqslant n\sigma) \leqslant \frac{1}{n^2} \tag{6-65}$$

　　当给定的误检率为 α 时,则 x 的正常区间为

$$|x - \mu| \leqslant n\sigma \tag{6-66}$$

式中, $n = \frac{1}{\sqrt{\alpha}}$。

　　由于每一次液氧甲烷发动机试车数据样本是一个有限集合,故可认为是一个存在有限期望和方差的数学分布,满足切比雪夫不等式的适用范围,这样可以得到一个形如 $[\mu - n\sigma, \mu + n\sigma]$ 的正常参数区间。由于发动机的试车数据是一个未知分布,我们无法事先得到它的分布函数,根据概率统计学知识,我们可以用样本的均值和样本方差作为观测量期望和方差的无偏估计。

　　针对前面所述,可以将相应管路的故障检测因子 γ 作为切比雪夫不等式的观测量 x。ATA 算法的阈值随着观测参数的实际情况而变化,当发动机处于稳态工作阶段,根据式(3-8)和式(3-9)可分别得到故障检测因子的均值和样本方差:

$$\bar{\gamma}^N = \frac{1}{N} \sum_{i=1}^{N} \gamma_i \tag{6-67}$$

$$\hat{S}_\gamma^N = \frac{1}{N-1} \sum_{i=1}^{N} (\gamma_i - \bar{\gamma}^N)^2 \tag{6-68}$$

式中, γ_i 表示在第 i 个采样时刻故障检测因子的值; $\bar{\gamma}^N$ 表示连续 N 个采样时间点中故障检测因子 γ 的均值; $\hat{S}_\gamma^N$ 表示连续 N 个采样时间点中故障检测因子 γ 的样本方差。

　　在实际计算中,需要考虑算法的实时性和内存空间的限制,采用式(6-67)和式(6-68)计算时计算量太大,中间夹杂着太多重复计算过程,所以工程中常采用式(6-69)和式(6-70)的递推公式进行计算:

$$\bar{\gamma}^N = \bar{\gamma}^{N-1} + \frac{1}{N}(\gamma_N - \bar{\gamma}^{N-1}) \tag{6-69}$$

$$\hat{S}_\gamma^N = \frac{N-2}{N-1}\hat{S}_\gamma^{N-1} + \frac{1}{N}(\gamma_N - \bar{\gamma}^{N-1})^2 \tag{6-70}$$

将上面两式代入式(6-66)。可得，故障检测因子γ在第N时刻的正常区间为

$$[\bar{\gamma}^N - n\sqrt{\hat{S}_\gamma^N},\ \bar{\gamma}^N + n\sqrt{\hat{S}_\gamma^N}] \tag{6-71}$$

关于带宽系数n的确定，可以根据正态分布的99.73%置信区间将n设为3，然后用多次正常试车数据对该算法进行训练，根据正常数据超出阈值的次数的多少，人为地上下调整带宽系数的取值。当超出阈值的次数较多时，带宽系数正向调整量增大；当超出阈值的次数量较少时，带宽系数正向调整量小。若没有超出的，则负向调节带宽系数，然后将调整后的系数代入算法继续进行训练，直到达到满意的结果。

由于发动机在设计、装配过程中存在各种各样的误差，以及在数据采集过程中会有传感器噪声影响，即便同一型号的不同批次发动机，测量参数都不可能完全相同。同时，由于液体火箭发动机工作过程中经常会出现变工况等情况，这就造成发动机的观测量γ存在一定的波动。为了避免γ的这种正常波动所带来的误报警，在式(6-71)中引入一个综合系数c_i，则故障检测因子γ在第N时刻的正常区间就变为

$$[\bar{\gamma}^N - n\sqrt{\hat{S}_\gamma^N} - c_i/2,\ \bar{\gamma}^N + n\sqrt{\hat{S}_\gamma^N} + c_i/2] \tag{6-72}$$

综合系数c_i的确定方法是，取m组时长同为h秒的发动机正常稳态试车数据，然后分别计算各组数据中观测参数的均值，记为$l_1,\cdots,l_m$，则c_i按照式(6-73)进行计算：

$$c_i = \max(l_1,\cdots,l_m) - \min(l_1,\cdots,l_m) \tag{6-73}$$

另外，ATA算法在计算过程中，假如检测到此次观测数据故障，则在下一时刻阈值的确定中，会将当前的故障数据代入式(6-69)和式(6-70)中继续进行计算，这将导致算法的检测阈值随故障数据的变化而变化。为了避免故障数据对检测阈值的影响，就需要采用如下检测策略来剔除故障数据的影响。我们可以设计一个阈值更新判定阈值，假如当前观测数据没有超出该时刻的阈值，则在计算下一时刻的阈值时，将当前观测数据代入式(6-69)和式(6-79)中继续计算，否则就依然选用前一时刻的$\bar{\gamma}^N$和$\hat{S}_\gamma^N$，作为下一时刻的$\bar{\gamma}^{N+1}$和$\hat{S}_\gamma^{N+1}$来计算，即$\bar{\gamma}^{N+1} = \bar{\gamma}^N$，$\hat{S}_\gamma^{N+1} = \hat{S}_\gamma^N$。

6.4.2　液氧甲烷发动机故障隔离结果与分析

液氧甲烷发动机管路复杂，在对管路故障检测时为了不遗漏各子系统间的主要连接管路，需要依据发动机的结构对管路进行划分，选取各段管路的压力测点，进而确定各连接管路的故障检测因子，从而对发动机系统形成全方位的检测和隔离。具体所选取的各个测点位置如图6-6所示，各段管路的故障检测因子如下所示。

1. 甲烷主管路

故障检测因子$\gamma_1 =$（甲烷泵出口压力–冷却夹套入口压力）/（甲烷泵出口力–推力室甲烷喷嘴后压力），即$\gamma_1 = \dfrac{P_{ef} - P_{i1}}{P_{ef} - P_c}$。

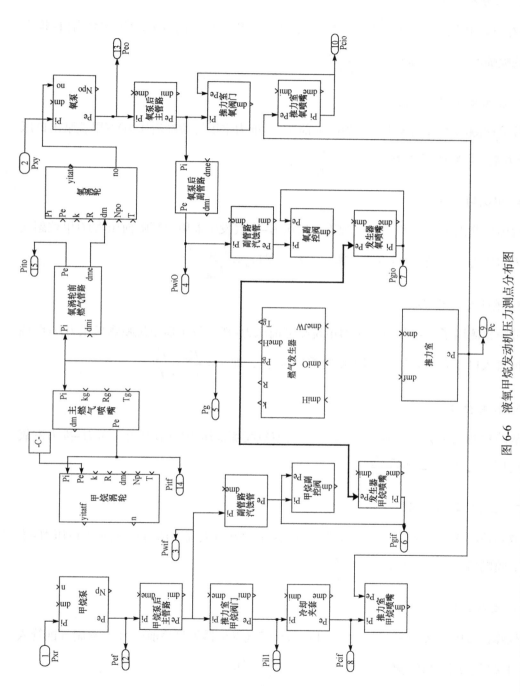

图 6-6　液氧甲烷发动机压力测点分布图

1-甲烷泵前入口压力；2-氧泵前入口压力；3-甲烷副汽蚀管入口压力；4-氧副汽蚀管入口压力；5-燃气发生器室压；6-燃气发生器甲烷喷前压力；7-燃气发生器氧喷前压力；8-推力室甲烷喷前压力；9-推力室室压；10-推力室氧喷前压力；11-冷却夹套入口压力；12-甲烷泵出口压力；13-氧泵出口压力；14-甲烷涡轮入口压力；15-氧涡轮入口压力

2. 推力室身部冷却夹套

故障检测因子 γ_2 =(冷却夹套入口压力−推力室甲烷喷嘴前压力)/(甲烷泵出口−推力室甲烷喷嘴前压力)，即 $\gamma_2 = \dfrac{P_{\text{pill}} - P_{\text{cif}}}{P_{\text{ef}} - P_{\text{cif}}}$。

3. 推力室甲烷喷注器

故障检测因子 γ_3 =(推力室甲烷喷嘴前压力−推力室甲烷喷嘴后压力)/(甲烷泵出口压力−推力室甲烷喷嘴后压力)，即 $\gamma_3 = \dfrac{P_{\text{cif}} - P_c}{P_{\text{ef}} - P_c}$。

4. 甲烷副管路

故障检测因子 γ_4 =(甲烷副气蚀管入口压力−燃气发生器甲烷喷嘴前压力)/(甲烷副气蚀管入口压力−燃气发生器甲烷喷嘴后压力)，即 $\gamma_4 = \dfrac{P_{\text{wif}} - P_{\text{gif}}}{P_{\text{wif}} - P_g}$。

5. 燃气发生器甲烷喷嘴

故障检测因子 γ_5 =(燃气发生器甲烷喷嘴前压力−燃气发生器甲烷喷嘴后压力)/(甲烷副气蚀管入口压力−燃气发生器甲烷喷嘴后压力)，即 $\gamma_5 = \dfrac{P_{\text{gif}} - P_g}{P_{\text{wif}} - P_g}$。

6. 氧主管路

故障检测因子 γ_6 =(氧泵出口压力−推力室氧喷嘴前压力)/(氧泵出口压力−推力室氧喷嘴后压力)，即 $\gamma_6 = \dfrac{P_{\text{eo}} - P_{\text{cio}}}{P_{\text{eo}} - P_c}$。

7. 推力室氧喷注器

故障检测因子 γ_7 =(推力室氧喷嘴前压力−推力室氧喷嘴后压力)/(氧泵出口压力−推力室氧喷嘴后压力)，即 $\gamma_7 = \dfrac{P_{\text{cio}} - P_c}{P_{\text{eo}} - P_c}$。

8. 氧副管路

故障检测因子 γ_8 =(氧副气蚀管入口压力−燃气发生器氧喷嘴前压力)/(氧副气蚀管入口压力−燃气发生器氧喷嘴后压力)，即 $\gamma_8 = \dfrac{P_{\text{wio}} - P_{\text{gio}}}{P_{\text{wio}} - P_g}$。

9. 燃气发生器氧喷嘴

故障检测因子 γ_9 =(燃气发生器氧喷嘴前压力−燃气发生器氧喷嘴后压力)/(氧副气蚀

管入口压力–燃气发生器氧喷嘴后压力），即 $\gamma_9 = \dfrac{P_{gio} - P_g}{P_{wio} - P_g}$。

10. 甲烷涡轮燃气管路

故障检测因子 $\gamma_{10} =$（燃气发生器室压–甲烷涡轮入口压力）/（燃气发生器室压），即 $\gamma_{10} = \dfrac{P_g - P_{itf}}{P_g}$。

11. 氧涡轮燃气管路

故障检测因子 $\gamma_{11} =$（燃气发生器室压–氧涡轮入口压力）/（燃气发生器室压），即 $\gamma_{11} = \dfrac{P_g - P_{ito}}{P_g}$。

由于缺少液氧甲烷发动机试车实际故障数据，故仅选取两次正常试车数据和一次故障模拟数据进行验证。且因为发动机启动阶段各段管路压力存在较大波动，容易出现误报警，所以从发动机进入稳态阶段以后开始对管路系统进行故障检测，检测结果如图 6-7~图 6-30 所示。

在图 6-7~图 6-28 中，数据的采样间隔为 0.01s，粗的虚线代表 ATA 算法产生的阈值，

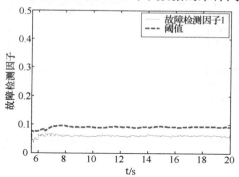

图 6-7　01 次试车甲烷主管路

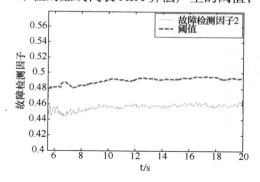

图 6-8　01 次试车推力室身部冷却夹套

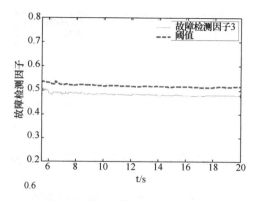

图 6-9　01 次试车推力室甲烷喷注器

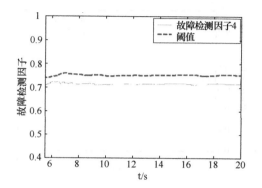

图 6-10　01 次试车甲烷副管路

细的实线代表发动机各段管路组件的实际故障检测因子，为了避免噪声和实际试车中随机干扰的影响，我们在实际检测中采用持续性检测准则，当实际观测的故障检测因子连续 10 次超出阈值时系统就会报警。在图 6-7~图 6-28 中，针对 01 和 02 次试车数据，该检测算法对于各段管路和组件的故障检测均没有出现误报警，与实际试车情况相符。而且容易发现，在故障检测因子发生正常波动时，该算法能自适应地调整阈值带，避免出现误判。

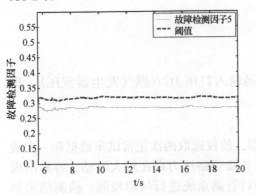

图 6-11　01 次试车燃气发生器甲烷喷嘴

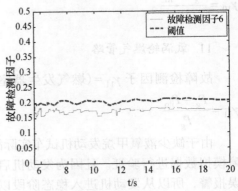

图 6-12　01 次试车氧主路

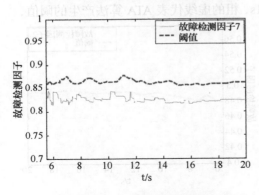

图 6-13　01 次试车推力室氧喷注器

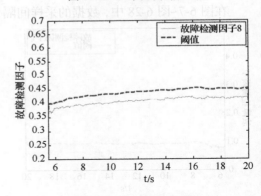

图 6-14　01 次试车氧副管路

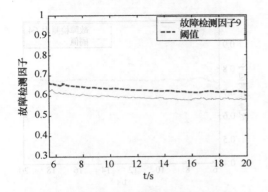

图 6-15　01 次试车燃气发生器氧喷嘴

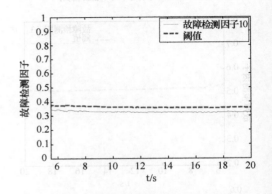

图 6-16　01 次试车甲烷涡轮燃气管路

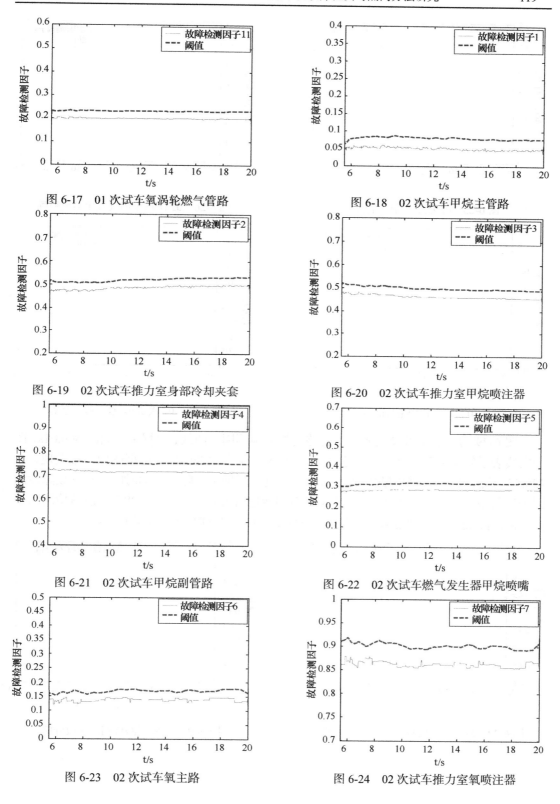

图 6-17　01 次试车氧涡轮燃气管路　　　　　图 6-18　02 次试车甲烷主管路

图 6-19　02 次试车推力室身部冷却夹套　　　图 6-20　02 次试车推力室甲烷喷注器

图 6-21　02 次试车甲烷副管路　　　　　　　图 6-22　02 次试车燃气发生器甲烷喷嘴

图 6-23　02 次试车氧主路　　　　　　　　　图 6-24　02 次试车推力室氧喷注器

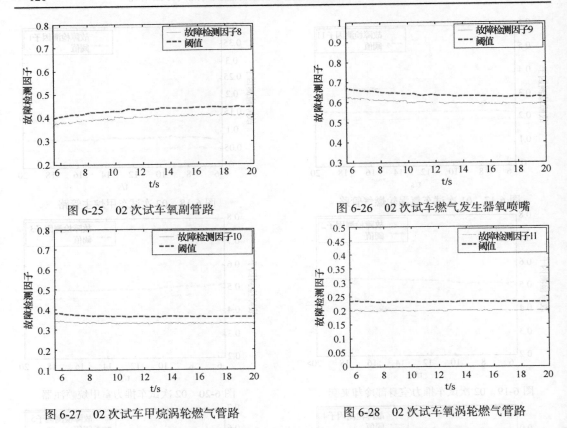

图 6-25　02 次试车氧副管路 　　　　　图 6-26　02 次试车燃气发生器氧喷嘴

图 6-27　02 次试车甲烷涡轮燃气管路 　　　图 6-28　02 次试车氧涡轮燃气管路

图 6-29 为液氧甲烷发动机故障管路的故障检测因子曲线，数据采样间隔为 0.01s，图中实线表示管路故障检测因子，虚线表示 ATA 算法产生的阈值，根据图像不难发现，在428.55s 算法报警，即判定此段管路故障。为进一步确定故障发生的时间，对其故障检测因子进行微分值检测，如图 6-30 所示，对图像进行分析可知，在 428.29s 故障检测因子微分值陡然变大，故判定故障发生时间为 428.29s，比 ATA 算法提早 0.26s。

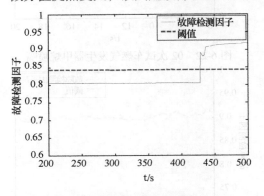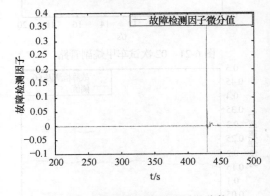

图 6-29　故障管路的故障检测因子曲线 　　　图 6-30　故障管路检测因子微分值

第7章　基于神经模糊网络的故障隔离方法研究

7.1　引　　言

模糊理论在处理系统非线性及不确定性方面具有优势,其不需要建立精确的数学模型,具有诊断速度快、易于利用专家经验等特点。神经网络具有自适应学习和训练的能力,能够对模糊推理系统进行高效的训练,使模糊模型达到较高的精度。自适应神经模糊网络将神经网络与模糊理论完美结合,既具有模糊理论在处理不确定性问题上的优势,又能对所建立的模型进行自适应的学习和训练,所以适合发动机子系统的建模仿真。但在样本数量较多,样本噪声干扰严重,样本的状态类别有所差异时,用自适应神经模糊网络进行训练建模,就会出现数据冲突、模型辨识准确度下降的问题,因此需要选用模糊 C-均值聚类(FCM)算法对训练数据进行预处理。

本章首先根据液氧甲烷发动机的结构特点选取与各部件紧密联系的输入输出参数,作为后面自适应神经模糊网络法建模的输入输出参数;接着利用模糊 C-均值聚类算法对这些参数所对应的数据样本进行预处理,以消除样本中异常点的干扰,避免数据冲突,从而使训练数据能更好地反映发动机真实数据的性质,用较少的学习样本达到较好的训练效果,提高训练效率;然后利用经过处理后的训练样本对神经网络模型进行训练;最后对训练好的神经网络模型用实际试车数据进行测试分析,判断发动机各子系统是否发生故障。

7.2　基于模糊聚类与神经网络的发动机子系统模型建立

液氧甲烷发动机的子系统主要包括管路系统、涡轮泵系统、燃烧室和燃气发生器,其中涡轮泵系统又可细分为甲烷涡轮、甲烷泵、氧涡轮、氧泵四个部分。由于各子系统复杂的非线性关系,故选用自适应神经模糊网络法对各部件进行建模,为后面的发动机子系统故障隔离做准备。但在样本数量较多、样本的状态类别有所差异时,用自适应神经模糊网络进行训练建模,就会出现数据冲突,模型辨识准确度下降的问题,因此需要选用合适的方法对训练数据进行预处理。其中,管路系统的故障检测在第 6 章已经介绍完毕,本节主要介绍剩余子系统的建模方法。

7.2.1　训练数据的预处理

本章所掌握的两次发动机的试车数据,每次试车数据包含将近 90 个参数,因此需要根据各个子系统的结构和热力学特点选择合适的输入输出参数,以便提高各子系统模型建立的准确度和实时性。

1. 选择模型的输入输出参数

在根据实际试车数据进行建模时，输入输出参数的选择首先受到实际测量参数的限制，即只能选择测量数据中存在的数据，否则算法会因为数据不足而难以运行；其次是根据部件的物理模型，选择与部件密切相关的测量参数，尽量选择部件出入口及部件内部参数作为输入输出参数，而少去选择附近的参数，减少故障的引入；然后是选择真实可信的测量参数，对于本身测量存在问题的参数最好不用；最后是尽量选择压力参数，最好不要选择温度参数，因为实践试车中，温度参数的变化通常具有一定的滞后性，对发动机状态变化的敏感度不高。本章所选的发动机各部件的参数如表 7-1 所示。

表 7-1　液氧甲烷发动机各子系统模型输入输出参数

子系统名称	输入参数	输出参数
甲烷泵	甲烷泵前阀入口压力，甲烷泵流量，甲烷泵转速	甲烷泵出口压力
氧泵	氧泵前阀入口压力，氧泵流量，氧泵转速	氧泵出口压力
甲烷涡轮泵	甲烷涡轮入口压力，甲烷声速喷嘴入口压力，燃气发生器室压，甲烷泵流量	甲烷泵出口压力
氧涡轮泵	氧涡轮入口压力，氧声速喷嘴入口压力，燃气发生器室压，氧泵流量	氧泵出口压力
燃气发生器	燃气发生器甲烷喷前压力，燃气发生器氧喷前压力，甲烷涡轮入口压力，氧涡轮入口压力	燃气发生器室压
燃烧室	燃烧室甲烷喷前压力，燃烧室氧喷前压力	燃烧室室压

2. 模糊 C-均值聚类对数据预处理

由于发动机启动过程的不可复现性以及各种不确定因素的干扰，在用神经网络进行训练时，需要对数据进行预处理以提高模型精度。本章选用模糊 C-均值聚类算法对液氧甲烷发动机 2 次正常试车数据进行聚类分析，然后以聚类的中心作为训练数据对神经网络模型进行训练。

模糊聚类算法的目的是从大量的数据中抽取固有特征，将数据归类为不同的簇，使得被划分到同一簇的对象之间相似度最大，而不同簇之间的相似度最小。常见的聚类算法有很多，如均值聚类、分层聚类和模糊聚类等。模糊 C-均值聚类算法吸取了均值聚类与模糊聚类的优点，是普通 C-均值聚类算法的改进，是一种柔性的模糊划分。

设 $X_1, X_2, \cdots, X_n$ 为一个有限的样本集合，其中 $X_j \in \mathbf{R}^m, j=1,2,\cdots,n$。模糊聚类的目标就是在给定的准则下，实现样本集到 c 个模糊集的划分，可用隶属度矩阵 U 表示各样本与聚类中心的隶属度：

$$U = [\mu_{ij}], \quad i=1,2,\cdots,c; \quad j=1,2,\cdots,n \tag{7-1}$$

式中，$\mu_{ij} \in [0,1]$，这里表示样本 X_j 属于第 i 类的隶属度；对于任意的 j，$\sum_{i=1}^{c}\mu_{ij}=1$。

FCM 算法是通过最小化规则函数 J_m 的迭代来实现划分的。其最小化规则函数 J_m 为

$$J_m(U,V) = \sum_{i=1}^{c}\sum_{j=1}^{n}(\mu_{ij})^m d_{ij}{}^2 + \sum_{i=1}^{c}\eta_i \sum_{j=1}^{n}(1-\mu_{ij})^m \qquad (7\text{-}2)$$

式中，n 为样本个数；c 为聚类中心数，$2 \leqslant c \leqslant n$；$\mu_{ik} = \mu(x_k)$ 表示第 k 个样本属于第 i 类的隶属度；m 为模糊加权指数，表征模糊化程度，一般取 $[1.5, 30]$ 区间的值。

定义 z_i 为第 i 条规则输入空间的中心向量，d_{ik}^2 为 k 组数据对于第 i 个聚类中心的距离：

$$d_{ik}^2 = \left\| x_k - z_i \right\|^2 \qquad (7\text{-}3)$$

$$z_i = \frac{1}{\displaystyle\sum_{k=1}^{n}(\mu_{ik})^m}\sum_{k=1}^{n}(\mu_{ik})^m x_k \qquad (7\text{-}4)$$

$$\mu_{ik} = \frac{(1/\left\| x_k - z_i \right\|^2)^{1/m-1}}{\displaystyle\sum_{i=1}^{c}(1/\left\| x_k - z_i \right\|^2)^{1/m-1}} \qquad (7\text{-}5)$$

$$\left\| U^i - U^{i-1} \right\| < \varepsilon \qquad (7\text{-}6)$$

给定样本集，选取聚类个数 c，权重指数 m，终止误差 $\varepsilon > 0$，初始化隶属函数矩阵 U，根据式(7-3)~式(7-6)，就可计算出聚类中心和隶属度矩阵，流程图如图 7-1 所示。

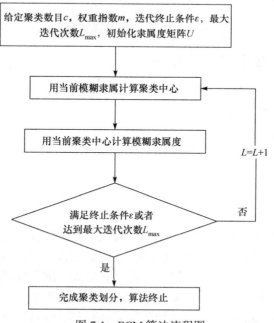

图 7-1　FCM 算法流程图

7.2.2 自适应神经模糊网络对各子系统建模

由于液体火箭发动机是一个极其复杂的系统，且参数繁多，各部分参数之间又非简单的线性关系可以表示，所以对各部分建立精确的数学模型存在难度，并且实际测量数据作为输入参数比精确数学模型的输入参数少，所以此种方法实行困难。本章选择应用自适应神经模糊网络对各部件进行建模，用经过模糊 C-均值聚类处理过的各部件实际试车数据进行训练，得到各部件的仿真模型。

自适应神经模糊网络是基于数据的建模方法，它的隶属度函数及模糊规则是通过数据训练得到的，自适应神经模糊网络的典型结构图(两输入、单输出)如图 5-4 所示，其同一层的每个节点具有相似的功能。

第一层：对于给定的输入 x_1、x_2 和各输入参数所对应的模糊集合 A_1 和 A_2、B_1 和 B_2，分别计算它们对应模糊集合的隶属度 $\mu_{A_{kj}}$(表示 x_j 对 A_k 的隶属度)和 $\mu_{B_{kj}}$(表示 x_j 对 B_k 的隶属度)，常用高斯型隶属度函数表示，即

$$\mu_{\Phi_{kj}}(x_j) = \exp\left(-\frac{(x_j - c_k)^2}{2\sigma^2}\right), \quad \Phi = A \text{ 或 } B; \quad k=1,2; j=1,2 \tag{7-7}$$

第二层：该层计算规则 R_i 的激励 W_i，其中 W_i 为两输入信号隶属度的乘积，表示输入与该条规则的符合程度：

$$W_i = \mu_{A_k}(x_1)\mu_{B_k}(x_2), \quad i=1,2 \tag{7-8}$$

第三层：求各条激励占所有规则激励之和的比值：

$$\overline{W}_i = W_i / \sum_{i=1}^{c} W_i, \quad c \text{ 为规则数量} \tag{7-9}$$

第四层：计算各条规则所对应的输出：

$$y_i = p_0^i + p_1^i x_1 + p_2^i x_2 \tag{7-10}$$

式中，p_j^i 表示第 i 条规则的实系数。

第五层：求系统的最终输出 y：

$$y = \sum_{i=1}^{c} \overline{w}_i y_i \tag{7-11}$$

7.2.3 模型训练结果

本章选用 MATLAB 中 fcm 函数对 01、02 次试车数据进行模糊聚类，设置聚类点为300，然后基于 MATLAB Anfis 工具箱，选取混合训练算法建立各子系统的神经网络模型，然后将实际试车数据输入各模型，根据模型输出值与实际试车数据的差的绝对值，验证模型的优劣性。由于试车数据还处于保密阶段，所以数据已经做归一化处理。

在图 7-2～图 7-5 中 data1 表示没有用模糊 C-均值聚类处理过的模型所输出的参数值，data2 表示已经用模糊 C-均值聚类处理过的模型所输出参数值，data3 = |data1−实测值|−|data2−实测值|。data3>0，表示没有用模糊 C-均值处理过的模型输出与

实测值偏离较远；data3<0，表示用模糊 C-均值处理过的模型输出与实测值偏离较远；data3=0，表示两个模型输出优劣性相当。根据 01 次试车和 02 次试车的甲烷涡轮和氧涡轮的模型输出图不难发现，data3 在发动机启动段大部分是大于 0 的，在发动机稳态阶段，几乎等于 0。

所以可以得出如下结论：由模糊 C-均值聚类处理过的发动机子系统神经网络模型更接近实际试车数据，模型准确度更高。

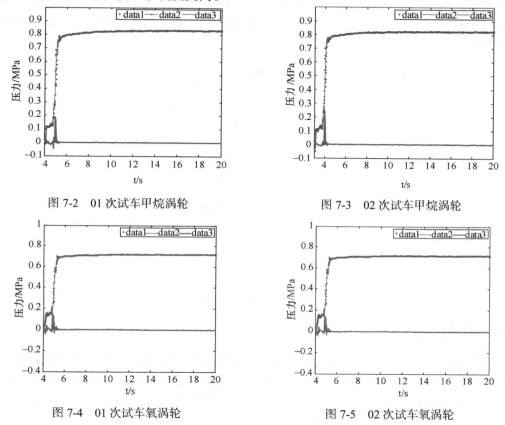

图 7-2 01 次试车甲烷涡轮   图 7-3 02 次试车甲烷涡轮

图 7-4 01 次试车氧涡轮   图 7-5 02 次试车氧涡轮

7.3 基于模型的液氧甲烷发动机故障隔离

本节基于 7.2 节所建立的发动机各子系统神经网络模型，研究发动机子系统级基于模型的故障隔离方法，并用两次正常试车数据和一次甲烷泵的故障数据对其进行验证。

7.3.1 故障检测规则

本章故障检测的规则是根据测量得到的输入信号 I 作为模型的输入，将模型的输出信号 O' 与实际测量的输出信号 O 进行比较，产生残差特征量 S_{ee}，然后将特征量与正常状态下的特征阈值 DT 进行比较，从而实现故障检测，具体过程如图 7-6 所示。

$$S_{ee} = \frac{O - O'}{O'} \times 100\% \qquad (7\text{-}12)$$

式中，O 表示通过模型所得到的各部件的输出参数值；O' 表示发动机各部件检测参数的实际输出值。若 $S_{ee} < DT$，则发动机工作正常；若 $S_{ee} \geqslant DT$，且连续 0.1s（本章即为 10 个采样点）超出阈值 DT，则判定发动机工作异常，根据工程经验本节设定 DT = 0.05。但由于发动机启动初期，输出值 O' 变化剧烈，且与稳定段相比数值较小，通过对式(7-12)分析可知道，启动阶段 $O - O'$ 的较小变化，便会造成 S_{ee} 超出阈值，故将启动初期残差特征量重新定义为 $S_{eeq} = (O - O') \times 100\%$。

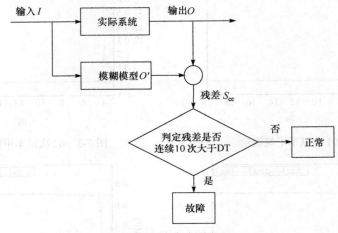

图 7-6　故障检测流程

7.3.2　故障检测结果

在图 7-7～图 7-20 中，Pef 表示实测氢泵输出参数，Pef-Fuzzy 表示神经网络模型氢泵输出参数，Peo 表示氧泵输出参数，Peo-Fuzzy 表示神经网络模型氧泵输出参数，Pg 表示燃气发生器输出参数，Pg-Fuzzy 表示神经网络模型燃气发生器输出参数，Pc 表示推力室输出参数，Pc-Fuzzy 表示神经网络模型推力室输出参数。

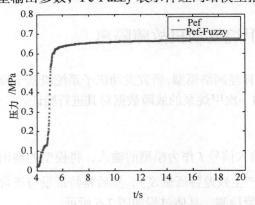

图 7-7　01 次试车甲烷泵模型仿真结果

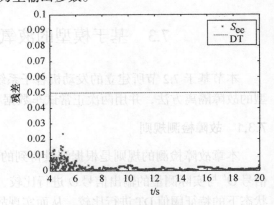

图 7-8　01 次试车甲烷泵检测曲线

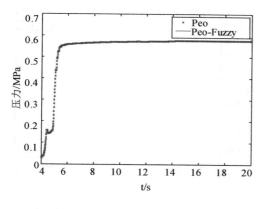

图 7-9　01 次试车氧泵模型仿真结果

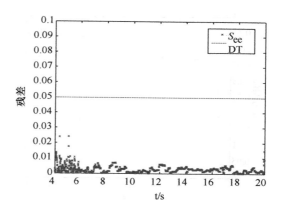

图 7-10　01 次试车氧泵检测曲线

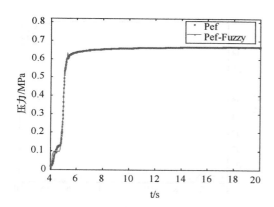

图 7-11　01 次试车甲烷涡轮模型仿真结果

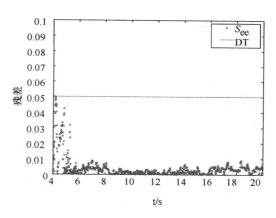

图 7-12　01 次试车甲烷涡轮检测曲线

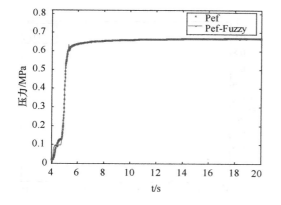

图 7-13　01 次试车氧涡轮模型仿真结果

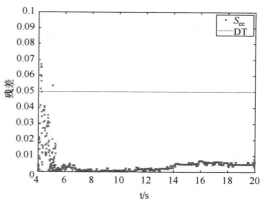

图 7-14　01 次试车氧涡轮检测曲线

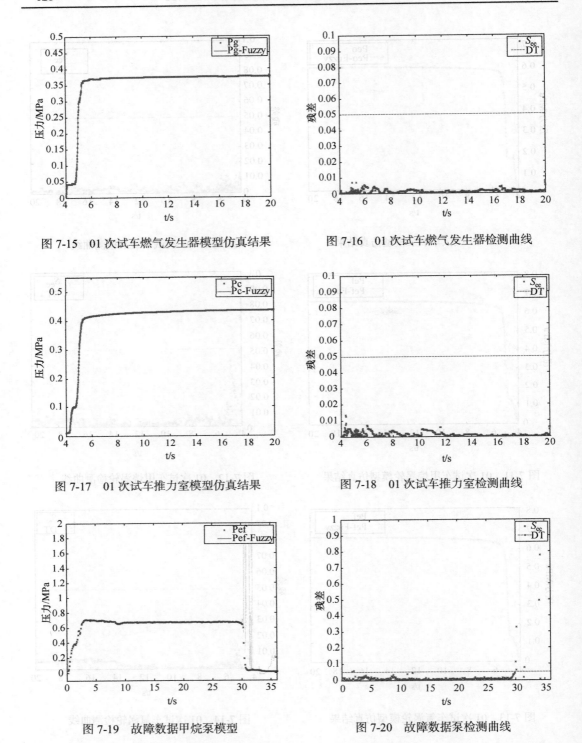

图 7-15　01 次试车燃气发生器模型仿真结果　　　　图 7-16　01 次试车燃气发生器检测曲线

图 7-17　01 次试车推力室模型仿真结果　　　　图 7-18　01 次试车推力室检测曲线

图 7-19　故障数据甲烷泵模型　　　　图 7-20　故障数据泵检测曲线

　　由于缺少液氧甲烷发动机试车实际故障数据，故选取发动机一次正常试车数据和一次甲烷泵模拟故障数据进行验证，根据表 7-1 选取各子系统模型的输入输出参数，依据

7.3.1 节中所述方法建立的各子系统神经网络模型，然后按图 7-6 所示流程进行故障检测。由于部分发动机数据还处于保密阶段，所以对相关数据做了归一化处理，具体检测结果如图 7-7～图 7-20 所示。

图 7-7、图 7-9、图 7-11、图 7-13、图 7-15、图 7-17 为某次正常试车各子系统的仿真模型输出值与实测值的曲线图，图中采样步长为 0.01s，其中实线表示神经网络模型的输出值，叉点线表示该次试车的实际测量值。图 7-8、图 7-10、图 7-12、图 7-14、图 7-16、图 7-18 表示各子系统的故障检测曲线，其中虚线表示阈值 DT，叉点线表示残差 S_{ee}，通过对比发现，甲烷涡轮、甲烷泵、氧泵、燃气发生器、推力室的检测曲线均未超出阈值 DT，故判断以上子系统均正常。其中图 7-14 中氧涡轮的检测曲线在 4.18s 超出 DT，但仅有连续 7 个点超出（并未达到预先设定的 10 个），之后又回到阈值以内，故检测系统并未报警。可见，该方法的检测结果与实际试车数据相符，未发生误报警。

在图 7-19 中，叉点线代表甲烷泵的故障数据，实线代表故障数据输入神经网络模型后所输出的泵出口压力值；图 7-20 代表该次故障数据的故障检测曲线，其中叉点线表示残差 S_{ee}，虚线表示阈值 DT，报警时间为 30.1s，没有漏报警。

综上可得，基于模糊聚类与神经网络模型的发动机故障隔离方法可以准确地隔离出甲烷涡轮、甲烷泵、氧涡轮、氧泵、燃气发生器和燃烧室的故障，没有误报警和漏报警发生，达到预期效果。

7.3.1 节中的仿真建立的多条贝叶斯网络故障模型，都有故障图 7-6 所示的故障诊断检测，由于部分发动机故障检测不存在误差，即对应的贝叶斯概率为 1 一化正确，其仿真结果如图 7-7～图 7-20 所示。

图 7-14 表示 ······ ······ ······ ······ ······ ······ ······ ······ ······的点，黄线标出为实测值的原点检测，而其诊断结果为 0.01，并要诊断网络的表达能力不足的原因，又以便看出 ······ ······ ······ ······ ······ ······ ······图 7-16。

图 7-18 表示 ······ ······故障检测的原值，其中故障检测原值 D_1 ······又对原其故障是 S_3，当实故障发生，也代表 ······，如果 ······ 对应其故障检测原检测值 D_1 故障诊断上下数确定上下，其中图 7-14 中表给而给的检测诊断 $4.18\times$ 即为 D_1，则以方法 ······

第 8 章　液体火箭发动机传感器配置优化
及故障检测与数据恢复方法研究

8.1　引　言

液体火箭发动机在地面试车过程中所测量的参数比较多，从信号的种类来说，包括流量、转速等频率信号和温度、压力等电压信号；从所测量的部件参数来说，不仅包括涡轮、泵和管路等的压力参数、涡轮泵振动参数，而且包括涡轮、泵和燃气导管等的温度参数等。同时，随着先进测量技术的不断应用和手段的多样化，测量信号的数量、种类将会越发复杂。然而，在这些被测参数信号中，有些互为关联，有些与发动机故障状态关系并不密切。因此，需要开展故障检测参数选取方法研究，获得能够有效表征发动机各种故障的最少参量。

故障检测参数选择的最新发展趋势有两种。一种发展趋势是将其作为健康监控或管理系统的一部分研究工作，从传感器配置优化的角度实施。例如，NASA 格林研究中心在空间发射计划 SLI 和新一代发射技术计划（Next Generation Launch Technology，NGLT）的支持下，开发了发动机健康管理系统传感器选择策略（Systematic Sensor Selection Strategy，S4）程序，并将其应用于大型液氧煤油发动机流体管路传感器的选择与配置，将 58 个备选传感器优化为 31 个。另一种发展趋势是应用多种分析方法实现对测量参数的综合评价和优化。例如，杨雪等研究建立了包括方案层、准则层和目标层的层次模型和层次分析法（Analytic Hierarchy Process，AHP），并对发动机地面试验的测量参数进行了评价、比较和优化。谢延峰等则运用模糊层次分析法（Fuzzy Analytic Hierarchy Process，FAHP），进行了某氢氧火箭发动机地面试车实时故障检测参数的选取。然而，上述文献中的研究成果首先是结合发动机测量数据对测量参数进行排序，然后基于发动机的故障模式分析结果和故障发生频率等信息，根据经验对排序后的测量参数进行选择，其思路如图 8-1 所示。显然，这种方式不仅在选择方式上，而且在参数敏感性、参数相关性和参数稳定性等指标的设定上都具有一定的主观性。

为此，本章将首先基于粗糙集在知识约简和参数选取方面的能力与优势，在保证对发动机故障模式分类能力不变的情况下，完成发动机故障检测参数的初步选取。其次，以选取的发动机故障检测参数对应的传感器作为备选传感器，以故障检测与诊断性能指标作为约束条件，结合粒子群优化算法（Particle Swarm Optimization，PSO）对发动机传感器配置优化问题进行研究，其思路如图 8-2 所示。最后发展基于云-神经网络的发动机传感器故障检测与恢复方法，并结合某型液氧煤油发动机试车数据进行实例分析与验证，从而为发动机的故障检测与诊断提供可靠的信号数据源。

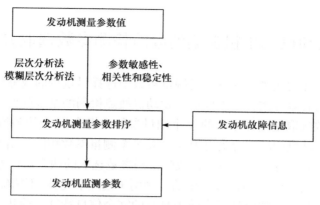

图 8-1　现有液体火箭发动机检测参数选取思路

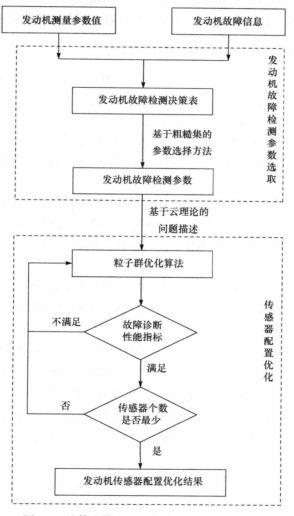

图 8-2　液体火箭发动机传感器配置优化方法

8.2　发动机基于粗糙集的故障检测参数选取方法研究

如何从数以百计的液体火箭发动机测量参数中选择尽量少的故障检测参数以实现对发动机常见故障的有效分类，是液体火箭发动机故障检测的基本问题之一。液体火箭发动机故障检测参数选取是指在原始的 N 个测量参数中提取 M 个故障检测参数，这 M 个故障检测参数对发动机的故障分类能力和原来 N 个测量参数相同。由此可见，精简测量参数和保持分类能力不变构成了发动机故障检测参数选取的两个重要方面。

粗糙集理论是波兰学者 Pawlak 提出的一种用于处理不完整、不精确知识的数学方法。利用该理论能够剔除大量故障特征参数中具有的冗余信息特征，简化特征量的个数，同时又可以提取出有效的故障模式规则，从而为发动机的故障检测与诊断提供了很大的方便。为此，本节将基于粗糙集理论研究发动机故障检测参数的选取方法。

8.2.1　发动机基于粗糙集的故障检测参数选取方法

定义 8.1　将液体火箭发动机故障检测知识信息系统表示为 $S=<U,A,V,f>$。$U=\{x_1,x_2,\cdots,x_n\}$ 是发动机试车样本的非空有限集合；$A=\{a_1,a_2,\cdots,a_m\}$ 是非空有限属性集合，$A=C\bigcup D$，且 $C\bigcap D=\varnothing$；C 表示条件属性集，由发动机的测量参数构成；D 表示决策属性集，由发动机的故障模式构成；V 是条件属性和决策属性的值域集，$V=\bigcup V_i(i=1,2,\cdots,m)$，$V_i(i=1,2,\cdots,m)$ 表示属性 a_i 的值域；f 是信息函数的集合，$f:U\times A\rightarrow V,f(x_i,a)\in V_a$。

由于 S 通常用决策表来描述，因此，将其称为故障检测决策知识系统。

基于上述定义，发动机故障检测参数选取即为从发动机故障检测决策知识系统 $S=<U,A,V,f>$ 中获得由故障检测参数构成的属性集合 F，使得 F 和 C 对于决策属性集 D 具有相同的分类能力。

定义 8.2　若 $S=<U,A,V,f>$ 中定义在 U 上的一族等价关系 R 将 U 划分为互不相交的基本等价类，则称 $r\in\mathbf{R}$ 为 U 上的一个等价关系。r 划分的所有等价类构成的集合记为 $U/r=\{X_1,X_2,\cdots,X_l\}$。

定义 8.3　对于 $S=<U,A,V,f>$ 中每个属性子集 $P\subseteq A$，定义不可分辨关系 $\mathrm{ind}(P)$ 为

$$\mathrm{ind}(P)=\{(x,y)\in U\times U\,|\,\forall a\in P,f(x,a)=f(y,a)\} \tag{8-1}$$

显然，不可分辨关系 $\mathrm{ind}(P)$ 是论域 U 上的等价关系，符号 $U/\mathrm{ind}(P)$（简记为 U/P）表示不可分辨关系 $\mathrm{ind}(P)$ 在 U 上导出的划分，并称划分后的等价类为不可分辨类。

定义 8.4　给定 $S=<U,A,V,f>$ 中的任意子集 $X\subseteq U$ 和不可分辨关系 $\mathrm{ind}(P)$，定义 X 的 P 正域为

$$\mathrm{Pos}_P(X)=\bigcup\{Y\in U/P\,|\,Y\subseteq X\} \tag{8-2}$$

定义 8.1～定义 8.4 给出了基于不可分辨关系和正域对发动机故障检测参数进行精简所需的基本概念，但在故障检测参数选取中还涉及对故障模式的分类，因此还需对由不可分辨关系导出的划分的分类能力进行分析和定义。

定义 8.5　令 $U/\text{ind}(P)$ 和 $U/\text{ind}(Q)$ 分别是 $S=<U,A,V,f>$ 中由论域 U 上的不可分辨关系 P 和 Q 导出的划分，如果对于 $\forall X \in U/\text{ind}(P)$，存在 $Y \in U/\text{ind}(Q)$ 使得 $X \subseteq Y$，则记为 $U/\text{ind}(P) \subseteq U/\text{ind}(Q)$，即 P 是 Q 的细化；若 $U/\text{ind}(P)=U/\text{ind}(Q)$，则称 P 和 Q 具有相同的分类能力。

定义 8.6　给定 $S=<U,A,V,f>$，$P \subseteq A$，$Q \subseteq A$，定义发动机故障检测决策知识系统 S 中决策属性集 D 对条件属性集 C 的依赖度为

$$k = \gamma_C(D) = \frac{|\text{Pos}_C(D)|}{|U|} \tag{8-3}$$

式中，符号 $|\cdot|$ 表示集合的基数。

决策属性集 D 对条件属性集 C 的依赖度 k 反映了两者之间的依赖性，可用来表示发动机故障检测决策知识系统 S 中决策属性集 D 对条件属性集 C 的分类能力。因此，发动机故障检测的参数选取，就演变为从 $S=<U,A,V,f>$ 中获得集合 F，使得决策属性集 D 对集合 F 的依赖度 k' 和决策属性集 D 对条件属性集 C 的依赖度 k 相等，即

$$k' = \gamma_F(D) = \frac{|\text{Pos}_F(D)|}{|U|} = k = \gamma_C(D) = \frac{|\text{Pos}_C(D)|}{|U|}$$

故障检测参数属性集合 F 对决策属性集 D 的分类能力，表示了集合 F 对发动机故障的划分能力。根据上述分析，为了保证提取出来的集合 F 对决策属性集 D 的分类能力保持不变，可以先求出条件属性集 C 对决策属性集 D 的正域 $\text{Pos}_C(D)$，然后求出集合 F 对决策属性集 D 的正域 $\text{Pos}_F(D)$，并判断 $\text{Pos}_F(D)$ 是否等于 $\text{Pos}_C(D)$。如果两者相等，则表示故障检测参数属性集合 F 对决策属性集 D 的分类能力保持不变，否则表示有变。

因此，基于粗糙集的液体火箭发动机故障检测参数选取方法就是根据条件属性（或属性集）C_i 对决策属性集 D 的正域 $\text{Pos}_{C_i}(D)$ 的大小来选择相应的条件属性。具体有以下几个步骤。

(1) 建立发动机故障检测知识决策表。

(2) 设定故障检测参数属性集合 F 为空集。

(3) 计算决策表中每个条件属性 C_i 对决策属性集 D 的正域 $\text{Pos}_{C_i}(D)$，并按照正域的大小进行降序排列，形成属性集 C'，同时记下每个条件属性 C_i 正域的大小。

(4) 从属性集 C' 中选择当前正域中最大的条件属性 a，计算正域 $\text{Pos}_{F\cup\{a\}}(D)$。如果 $\text{Pos}_{F\cup\{a\}}(D)=\text{Pos}_C(D)$，则令 $F=F\cup\{a\}$，$C'=C'\setminus\{a\}$，并转入步骤(6)。如果不相等，则转入步骤(5)。

(5) 判断属性集 C' 中是否存在属性 a'，其正域与选取的属性 a 相同。如果存在（一个或多个），则依次计算其正域 $\text{Pos}_{F\cup\{a'\}}(D)$，并从中选择使得 $\text{Pos}_{F\cup\{a'\}}(D)$ 最大的条件属性为 a'，并令 $F=F\cup\{a'\}$，$C'=C'\setminus\{a'\}$，然后转入步骤(4)。

(6) 输出集合 F。

8.2.2　发动机基于变精度粗糙集的故障检测参数选取方法

粗糙集理论最大的一个局限性是要求其所处理的数据样本和所建立的分类必须是

明晰和完全确定的。然而，正如前面分析指出的，液体火箭发动机故障检测与诊断过程中存在着随机和模糊的双重不确定性。因此，粗糙集的这一局限性常导致所建立的决策规则很难推广应用到更广泛的数据集，即推广能力和容错性不强。为此，本节将在粗糙集理论的基础上，结合定量信息，发展一种基于变精度粗糙集的发动机故障检测参数选取方法。

定义 8.7 对液体火箭发动机故障检测决策知识系统 $S=<U,A,V,f>$，设 X、Y 是有限论域 U 的两个非空子集。如果对于任意 $x\in X$，有 $x\in Y$，则称 Y 包含 X，记为 $Y\supseteq X$。令包含度为

$$\text{PC}(X|Y)=\begin{cases}\dfrac{|X\bigcap Y|}{|Y|}, & |Y|\neq 0\\ 1, & |Y|=0\end{cases}\tag{8-4}$$

定义 8.8 对液体火箭发动机故障检测决策知识系统 $S=<U,A,V,f>$，对于任意子集 $X\subseteq U$，属性子集 $P\subseteq A$，包含度阈值 $\beta\in(0.5,1]$，定义 X 关于 P 的 β 正域为

$$\text{Pos}_P^\beta(X)=\bigcup\{[x]_P\mid \text{PC}(X\mid[x]_P)\geqslant\beta\}\tag{8-5}$$

定义 8.9 对液体火箭发动机故障检测决策知识系统 $S=<U,A,V,f>$ 和包含度阈值 $\beta\in(0.5,1]$，$X_i\in U/C$ $(i=1,2,\cdots,m=|U/C|)$ 为 S 的条件类，$Y_j\in U/D(j=1,2,\cdots,n=|U/D|)$ 为 S 的决策类，则决策类 Y_j 关于条件属性集 C 的 β 下近似为

$$\underline{R_C^\beta}(Y_j)=\bigcup\{X_i\mid\text{PC}(Y_j\mid X_i)\geqslant\beta\}\tag{8-6}$$

若记 $\text{DP}(C,D,\beta)=\{\underline{R_C^\beta}(Y_1),\underline{R_C^\beta}(Y_2),\cdots,\underline{R_C^\beta}(Y_n)\}$ 为决策类的 β 下近似分布，显然 $\text{DP}(C,D,\beta)$ 为所有决策类 β 下近似构成的集合，是各决策类关于 U/C 的概率分布。记 $\text{Pos}_C^\beta(D)=\bigcup_{Y_j\in U/D}\underline{R_C^\beta}(Y_j)$ 为决策属性集 D 关于条件属性集 C 的 β 正域，简称为 β 正域。β 正域反映了在给定分类正确率 β 下，分类 U/C 的信息可以确定地划分到 U/D 信息中的对象集合。

定义 8.10 给定液体火箭发动机故障检测决策知识系统 $S=<U,A,V,f>$，包含度阈值 $\beta\in(0.5,1]$，则发动机故障检测决策知识系统 S 中，决策属性集 D 对条件属性集 C 的 β 近似依赖度或分类质量为

$$k=\gamma_C^\beta(D)=\frac{|\text{Pos}_C^\beta(D)|}{|U|}\tag{8-7}$$

在经典粗糙集理论中，分类质量 γ、正域和决策类下近似分布随着条件属性数目的减少都呈单调下降变化。但是在变精度粗糙集中，由于引入了包含度阈值 β，模型变得复杂，即使在保持分类质量不变的条件下也不能保证每个决策类的 β 下近似不发生改变，以及在保持 β 正域不变的条件下也不能保证每个决策类的 β 下近似不发生改变。但是，在保持每个决策类的 β 下近似不变时，分类质量 γ^β 和 β 正域都将不发生变化。

因此，基于变精度粗糙集的液体火箭发动机故障检测参数选取方法就是根据决策类下近似分布 $DP(C,D,\beta)$ 来选择条件属性。其原理是通过发动机的测量参数信息和发动机的工作信息构建发动机故障检测知识决策表，通过决策表先求出决策属性集 D 对条件属性集 C 的 β 下近似分布 $DP(C,D,\beta)$，在进行发动机故障检测参数选取时，求出决策属性集 D 对故障检测参数属性集合 F 的 β 下近似分布 $DP(F,D,\beta)$，并判断 $DP(F,D,\beta)$ 是否等于 $DP(C,D,\beta)$。如果两者相等，则表示故障检测参数属性集合 F 对决策属性集 D 的 β 下近似分布保持不变，也就保证了分类质量和 β 正域都不变；如果两者不相等，则表示选取参数属性集合 F 对决策属性集 D 的下近似分布发生了改变，同时分类质量 γ^β 和 β 正域都发生了改变。其步骤具体如下。

(1) 建立发动机故障检测知识决策表，给定 β 值。

(2) 计算决策表中每个决策类 Y_j 关于条件属性集 C 的 β 下近似 $\underline{R_C^\beta}(Y_j)$，得到决策类 β 下近似分布 $DP(C,D,\beta)$。

(3) 分别计算决策表中每个决策类 Y_j 关于每个条件属性 $c_i \in C$ 的 β 下近似 $\underline{R_{c_i}^\beta}(Y_j)$，得到决策类对条件属性的 β 下近似分布 $DP(c_i,D,\beta)$，并根据 $DP(c_i,D,\beta)$ 完全包含于 $DP(C,D,\beta)$ 的元素的多少对条件属性进行降序排序，形成新的条件属性集 C'，同时记下每个条件属性 c_i 的决策类下近似分布 $DP(c_i,D,\beta)$ 完全包含于决策类下近似分布 $DP(C,D,\beta)$ 的元素的个数。

(4) 设故障检测参数属性集合为 $F = \{\}$。

(5) 从条件属性集 C' 中选择条件属性 c_i 的决策类 β 下近似分布 $DP(c_i,D,\beta)$ 完全包含于决策类 β 下近似分布 $DP(C,D,\beta)$ 的元素最多的条件属性 a，计算决策类 β 下近似分布 $DP(F \cup \{a\},D,\beta)$，当 $DP(F \cup \{a\},D,\beta) = DP(C,D,\beta)$ 时，$F = F \cup \{a\}$，$C' = C' \setminus \{a\}$，转入步骤 (7)。如果不相等，则转入步骤 (6)。

(6) 判断属性集 C' 中是否有和选取的条件属性的决策类 β 下近似分布 $DP(c_i,D,\beta)$ 完全包含于决策类 β 下近似分布 $DP(C,D,\beta)$ 的元素的个数相同的属性 a'。如果有一个或多个，则依次计算决策类下近似分布 $DP(F \cup \{a'\},D,\beta)$，并从中选择决策类下近似分布 $DP(c_i,D,\beta)$ 完全包含于决策类下近似分布 $DP(C,D,\beta)$ 的元素的个数最多的那个条件属性 a'，$F = F \cup \{a'\}$，$C' = C' \setminus \{a'\}$，然后转入步骤 (5)。

(7) 输出故障检测参数属性集合 F。

8.2.3　发动机故障检测参数选取实例研究

1. 氢氧发动机基于粗糙集的故障检测参数选取实例研究

以我国某大型液氢液氧发动机为研究对象，取其发动机试车数据构成决策表，使用基于粗糙集的参数选取方法对发动机检测参数进行选择。

根据发动机的功能和结构，将发动机系统分为氢涡轮泵、氧涡轮泵、管路系统和燃气发生器等 5 个部分，分别对其进行参数选取。以氢涡轮泵部件为例，取发动机六次正常试车和四次故障试车数据来构造决策表，并对发动机试车数据进行离散。根据发动机工作状况和实际经验，以发动机测量参数为条件属性集，由于发动机试车进入额定工况后，各发动机参数数值比较稳定，因此当某参数变化幅度绝对值小于额定工况 2% 时，认为参数正常，取值为 1；当变化幅度大于 2% 时，认为参数异常，取值为 2；当变化幅度小于 −2% 时，认为参数异常，取值为 3。以发动机工作状态为决策属性集，发动机工作正常为 1，发动机故障一为 2，发动机故障二为 3，发动机故障三为 4，发动机故障四为 5，构造的决策表如表 8-1 所示。

表 8-1　某型火箭发动机氢涡轮泵故障诊断决策表

U	C													D
	a	b	c	d	e	f	g	h	i	j	k	l	m	
	Nwr	Gr	Pohr	Por	Per	Powr	Pewr	Pmr	Pgr	Tohr	Ter	Towr	Tewr	
x_1	1	1	1	2	3	1	3	2	3	1	1	2	2	1
x_2	2	2	2	2	1	2	1	1	2	2	3	1	3	1
x_3	1	2	2	3	2	1	3	3	2	3	1	2	3	1
x_4	3	3	3	2	1	2	2	3	3	1	3	1	1	1
x_5	3	2	3	1	3	2	3	1	1	2	2	2	3	1
x_6	2	1	2	3	3	2	2	2	2	3	3	2	2	1
x_7	3	2	2	2	2	2	2	2	2	1	3	1	1	2
x_8	2	2	3	2	3	2	1	2	2	3	3	2	1	3
x_9	3	2	2	3	3	2	3	2	2	2	2	2	2	4
x_{10}	2	2	3	2	2	2	1	3	3	3	3	2	3	5

根据已构造的决策表，使用基于粗糙集的故障检测参数选取方法，对某型液氢液氧发动机氢涡轮泵部件进行参数选取实例研究。在表 8-1 中，$U = \{x_1, x_2, \cdots, x_{10}\}$ 是发动机试车样本的非空有限集合；$C = \{a, b, \cdots, m\}$ 是条件属性集，由发动机的测量参数 $\{\text{Nwr}, \text{Gr}, \cdots, \text{Tewr}\}$ 等构成，如条件属性 a 代表发动机测量参数 Nwr；D 是决策属性集，由发动机故障构成；V 是条件属性和决策属性的值域集，$V = \bigcup\limits_{i=1}^{13} \{1, 2, 3\} \bigcup \{1, 2, 3, 4, 5\}$。

（1）计算条件属性集 C 对决策属性 D 的正域 $\text{Pos}_C(D)$。

$$U / a = \{\{x_1, x_3\}, \{x_2, x_6, x_8, x_{10}\}, \{x_4, x_5, x_7, x_9\}\}, \text{Pos}_a(D) = \{x_1, x_3\}$$

$$U / b = \{\{x_1, x_6\}, \{x_2, x_3, x_5, x_8, x_{10}\}, \{x_4, x_7, x_9\}\}, \text{Pos}_b(D) = \{x_1, x_6\}$$

$$U / c = \{\{x_1\}, \{x_2, x_3, x_6, x_7, x_9\}, \{x_4, x_5, x_8, x_{10}\}\}, \text{Pos}_c(D) = \{x_1\}$$

$$U / d = \{\{x_1, x_2, x_4, x_7, x_{10}\}, \{x_3, x_5, x_9\}, \{x_6, x_8\}\}, \mathrm{Pos}_d(D) = \varnothing$$
$$U / e = \{\{x_1, x_5, x_8, x_9\}, \{x_2, x_4, x_7\}, \{x_3, x_6, x_{10}\}\}, \mathrm{Pos}_e(D) = \varnothing$$
$$U / f = \{\{x_1, x_3\}, \{x_2, x_4, x_5, x_7, x_9\}, \{x_6, x_8, x_{10}\}\}, \mathrm{Pos}_f(D) = \{x_1, x_3\}$$
$$U / g = \{\{x_1, x_3, x_5, x_8\}, \{x_2, x_7, x_{10}\}, \{x_4, x_6, x_9\}\}, \mathrm{Pos}_g(D) = \varnothing$$
$$U / h = \{\{x_1, x_6, x_8, x_{10}\} \{x_2, x_5\}, \{x_3, x_4, x_7, x_9\},\}, \mathrm{Pos}_h(D) = \{x_2, x_5\}$$
$$U / i = \{\{x_1, x_4, x_7, x_9\}, \{x_2, x_3, x_6, x_8\}, \{x_5, x_{10}\}\}, \mathrm{Pos}_i(D) = \varnothing$$
$$U / j = \{\{x_1, x_4, x_7, x_9\}, \{x_2, x_5, x_8\}, \{x_3, x_6, x_{10}\}\}, \mathrm{Pos}_j(D) = \varnothing$$
$$U / k = \{\{x_1, x_3\}, \{x_2, x_4, x_6, x_8, x_{10}\}, \{x_5, x_7, x_9\}\}, \mathrm{Pos}_k(D) = \{x_1, x_3\}$$
$$U / l = \{\{x_1, x_3, x_5, x_8, x_9, x_{10}\}, \{x_2, x_4\}, \{x_6, x_7\}\}, \mathrm{Pos}_l(D) = \{x_2, x_4\}$$
$$U / m = \{\{x_1, x_6, x_8\}, \{x_2, x_3, x_5, x_7, x_{10}\}, \{x_4, x_9\}\}, \mathrm{Pos}_m(D) = \varnothing$$

所以

$$U / C = \{\{x_1\}, \{x_2\}, \{x_3\}, \{x_4\}, \{x_5\}, \{x_6\}, \{x_7\}, \{x_8\}, \{x_9\}, \{x_{10}\}\}$$
$$U / D = \{\{x_1, x_2, x_3, x_4, x_5, x_6\}, \{x_7\}, \{x_8\}, \{x_9\}, \{x_{10}\}\}$$

可求得

$$\mathrm{Pos}_C(D) = \{x_1, x_2, x_3, x_4, x_5, x_6, x_7, x_8, x_9, x_{10}\}$$

（2）计算决策表中每个条件属性 C_i 对决策属性 D 的正域 $\mathrm{Pos}_{C_i}(D)$，并按照正域中对象元素的多少进行排序，形成属性集 C'，$C' = \{a, b, f, h, k, l, c, d, e, g, i, j, m\}$。

（3）～（5）对应于 8.2.1 节所述的步骤（3）～步骤（5），这里用表 8-2 来说明。

表 8-2　某型火箭发动机氢涡轮泵基于粗糙集的故障检测参数选取过程

故障检测参数属性集合 F	排序的属性集 C'	$\mathrm{Pos}_F(D)$	$\mathrm{Pos}_F(D) = \mathrm{Pos}_C(D)$
$\{\}$	$\{a, b, f, h, k, l, c, d, e, g, i, j, m\}$	$\{\}$	N
$\{a\}$	$\{b, f, h, k, l, c, d, e, g, i, j, m\}$	$\{x_1, x_3\}$	N
$\{a, b\}$	$\{f, h, k, l, c, d, e, g, i, j, m\}$	$\{x_1, x_3, x_6\}$	N
$\{a, b, f\}$	$\{h, k, l, c, d, e, g, i, j, m\}$	$\{x_1, x_2, x_3, x_6\}$	N
$\{a, b, f, h\}$	$\{k, l, c, d, e, g, i, j, m\}$	$\{x_1, x_2, x_3, x_5, x_6, x_9\}$	N
$\{a, b, f, h, k\}$	$\{l, c, d, e, g, i, j, m\}$	$\{x_1, x_2, x_3, x_4, x_5, x_6, x_7, x_9\}$	N
$\{a, b, f, h, k, l\}$	$\{c, d, e, g, i, j, m\}$	$\{x_1, x_2, x_3, x_4, x_5, x_6, x_7, x_9\}$	N
$\{a, b, f, h, k, l, c\}$	$\{d, e, g, i, j, m\}$	$\{x_1, x_2, x_3, x_4, x_5, x_6, x_7, x_9\}$	N
$\{a, b, f, h, k, l, c, d\}$	$\{e, g, i, j, m\}$	$\{x_1, x_2, x_3, x_4, x_5, x_6, x_7, x_8, x_9, x_{10}\}$	Y

（6）输出故障检测参数属性集合 $F = \{a, b, f, h, k, l, c, d\}$。

根据基于粗糙集的故障检测参数选取结果可得，某型液氢液氧发动机氢涡轮泵部件故障检测参数选取的结果为 $\{a,b,f,h,k,l,c,d\}$，即 $\{$ Nwr，Gr，Pohr，Por，Powr，Pmr，Ter，Towr $\}$ 等 8 个参数。于是，在保持对某型液氢液氧火箭发动机氢涡轮泵部件故障检测能力不变的前提下，将氢涡轮泵的故障检测参数由初始的 13 个精简为 8 个。

同理，使用基于粗糙集的故障检测参数选取方法，对该发动机氧涡轮泵、管路系统、推力室和燃气发生器等部件分别进行故障检测参数选取，得到氧涡轮泵部件的故障检测参数选取结果为 $\{$ Nwy，Gy，Pey，Pewy，Tewy，Towy $\}$，氧涡轮泵的故障检测参数由 14 个精简为 6 个；管路系统故障检测参数选取结果为 $\{$ Povy，Povr，Pevy $\}$，管路系统的故障检测参数由 8 个精简为 3 个；推力室故障检测参数选取结果为 $\{$ Pol，Pel，Pk，Py，Tel $\}$，推力室的故障检测参数由 8 个精简为 5 个；燃气发生器故障检测参数选取结果为 $\{$ Pfr，Pfy，Pk $\}$ 等 3 个参数，保持不变。因此，某型液氢液氧火箭发动机故障检测参数选取结果为 $\{$ Nwr，Gr，Pohr，Por，Powr，Pmr，Ter，Towr，Nwy，Gy，Pey，Pewy，Tewy，Towy，Povy，Povr，Pevy，Pol，Pel，Pk，Py，Tel，Pfr，Pfy，Pk $\}$，由 46 个精简为 25 个。

此外，对表 8-1 所示的决策表，故障检测参数选取前的分类质量为 $\gamma_C = \dfrac{\mathrm{card}(\mathrm{Pos}_C(D))}{\mathrm{card}(U)} = \dfrac{10}{10} = 1$，基于粗糙集的故障检测参数选取后的分类质量为 $\gamma_F = \dfrac{\mathrm{card}(\mathrm{Pos}_F(D))}{\mathrm{card}(U)} = \dfrac{10}{10} = 1$。由此可见，基于粗糙集的发动机故障检测参数属性集合 F 对发动机决策属性集 D 的分类质量与发动机条件属性集 C 对发动机决策属性集 D 的分类质量相等，分类质量并未发生变化。

同时，对该发动机，使用基于变精度粗糙集进行氢涡轮泵部件的故障检测参数选取，取 $\beta = 0.6$。

(1) 计算决策类 β 下近似分布 $\mathrm{DP}(C,D,\beta)$ 和 β 正域 $\mathrm{Pos}_C^\beta(D)$。

$$U/C = \{\{x_1\},\{x_2\},\{x_3\},\{x_4\},\{x_5\},\{x_6\},\{x_7\},\{x_8\},\{x_9\},\{x_{10}\}\}$$

$$U/D = \{\{x_1,x_2,x_3,x_4,x_5,x_6\},\{x_7\},\{x_8\},\{x_9\},\{x_{10}\}\}$$

$$\mathrm{Pos}_C^\beta(D_1) = \{x_1,x_2,x_3,x_4,x_5,x_6\},\quad \mathrm{Pos}_C^\beta(D_2) = \{x_7\},\quad \mathrm{Pos}_C^\beta(D_3) = \{x_8\}$$

$$\mathrm{Pos}_C^\beta(D_4) = \{x_9\},\quad \mathrm{Pos}_C^\beta(D_5) = \{x_{10}\}$$

$$\mathrm{DP}(C,D,\beta) = \{\{x_1,x_2,x_3,x_4,x_5,x_6\},\{x_7\},\{x_8\},\{x_9\},\{x_{10}\}\}$$

$$\mathrm{Pos}_C^\beta(D) = \{x_1,x_2,x_3,x_4,x_5,x_6,x_7,x_8,x_9,x_{10}\}$$

(2) 计算每个条件属性 c_i 的决策类 β 下近似分布 $\mathrm{DP}(c_i,D,\beta)$ 和 β 正域 $\mathrm{Pos}_{c_i}^\beta(D)$。

对条件属性 $a \in C$，有 $U/a = \{\{x_1,x_3\},\{x_2,x_6,x_8,x_{10}\},\{x_4,x_5,x_7,x_9\}\}$，因此有

$$\mu_{\{a\}} = \begin{bmatrix} 1 & 0 & 0 & 0 & 0 \\ 0.5 & 0 & 0.25 & 0 & 0.25 \\ 0.5 & 0.25 & 0 & 0.25 & 0 \end{bmatrix},\quad \mathrm{Pos}_a^\beta(D_1) = \{x_1,x_3\},\quad \mathrm{Pos}_a^\beta(D_2) = \varnothing$$

$$\mathrm{Pos}_a^\beta(D_3) = \varnothing,\quad \mathrm{Pos}_a^\beta(D_4) = \varnothing,\quad \mathrm{Pos}_a^\beta(D_5) = \varnothing$$

$$\mathrm{DP}(a, D, \beta) = \{\{x_1, x_3\}, \varnothing, \varnothing, \varnothing, \varnothing\}, \ \mathrm{Pos}_a^\beta(D) = \{x_1, x_3\}$$

对其他条件属性 $c_i \in C$，分别计算条件属性 c_i 对决策类 D_j 的 β 正域 $\mathrm{Pos}_{c_i}^\beta(D_j)$。

（3）根据条件属性 c_i 的决策类 β 下近似分布 $\mathrm{DP}(c_i, D, \beta)$ 完全包含于 $\mathrm{DP}(C, D, \beta)$ 的元素的多少并进行降序排序，得到新的条件属性集 $C' = \{a, h, l, b, c, d, e, f, g, i, j, k, m\}$。

（4）中间计算过程以表 8-3 来表示。

（5）输出故障检测参数属性集合 $F = \{a, h, l, b, c, d\}$。

表 8-3　某型火箭发动机氢涡轮泵基于变精度粗糙集的故障检测参数选取过程

故障检测参数属性集合 F	排序的属性集 c'	$\mathrm{DP}(F, D, \beta)$	$\mathrm{DP}(F,D,\beta) = \mathrm{DP}(C,D,\beta)$
{}	$\{a, h, l, b, c, d, e, f, g, i, j, k, m\}$	$\{\varnothing, \varnothing, \varnothing, \varnothing, \varnothing\}$	N
$\{a\}$	$\{h, l, b, c, d, e, f, g, i, j, k, m\}$	$\{\{x_1, x_3\}, \varnothing, \varnothing, \varnothing, \varnothing\}$	N
$\{a, h\}$	$\{l, b, c, d, e, f, g, i, j, k, m\}$	$\{\{x_1, x_3, x_5\}, \varnothing, \varnothing, \varnothing, \varnothing\}$	N
$\{a, h, l\}$	$\{b, c, d, e, f, g, i, j, k, m\}$	$\{\{x_1, x_3, x_4, x_5, x_6\}, \{x_7\}, \varnothing, \{x_9\}, \varnothing\}$	N
$\{a, h, l, b\}$	$\{c, d, e, f, g, i, j, k, m\}$	$\{\{x_1, x_3, x_4, x_5, x_6\}, \{x_7\}, \varnothing, \{x_9\}, \varnothing\}$	N
$\{a, h, l, b, c\}$	$\{d, e, f, g, i, j, k, m\}$	$\{\{x_1, x_3, x_4, x_5, x_6\}, \{x_7\}, \varnothing, \{x_9\}, \varnothing\}$	N
$\{a, h, l, b, c, d\}$	$\{e, f, g, i, j, k, m\}$	$\{\{x_1, x_3, x_4, x_5, x_6\}, \{x_7\}, \{x_8\}, \{x_9\}, \{x_{10}\}\}$	Y

在 $\beta = 0.6$ 时，基于变精度粗糙集的故障检测参数选取方法，某型液氢液氧发动机氢涡轮泵部件故障检测参数选取的结果为 $\{a, h, l, b, c, d\}$，即 { Nwr，Gr，Pohr，Por，Pmr，Towr }6 个参数。于是，在保持对某型氢氧火箭发动机氢涡轮泵部件故障检测能力不变的前提下，将氢涡轮泵的故障检测参数由初始的 13 个精简为 6 个。

同理，使用基于变精度粗糙集的故障检测参数选取方法，对该发动机氧涡轮泵、管路系统、推力室和燃气发生器等部件分别进行故障检测参数选取，得到氧涡轮泵部件的故障检测参数选取结果为 { Nwy，Gy，Pey，Tewy，Towy }，由 14 个精简为 5 个；管路系统故障检测参数选取结果为 { Povy，Povr，Pevy }，由 8 个精简为 3 个；推力室故障检测参数选取结果为 { Pol，Pel，Pk，Py，Tel }，由 8 个精简为 5 个；燃气发生器故障检测参数选取结果为 { Pfr，Pfy，Pk }，保持不变。因此，某型液氢液氧火箭发动机故障检测参数选取结果为 { Nwr，Gr，Pohr，Por，Pmr，Towr，Nwy，Gy，Pey，Tewy，Towy，Povy，Povr，Pevy，Pol，Pel，Pk，Py，Tel，Pfr，Pfy，Pk }等 22 个参数，由 46 个精简为 22 个。

此外，对表 8-3 所示的决策表，发动机故障检测参数选取前的分类质量为 $\gamma_C = \dfrac{\mathrm{card}(\mathrm{Pos}_C(D))}{\mathrm{card}(U)} = \dfrac{10}{10} = 1$，发动机基于变精度粗糙集的故障检测参数选取后的分类质量为 $\gamma_F^{0.6} = \dfrac{\mathrm{card}(\mathrm{Pos}_F^{0.6}(D))}{\mathrm{card}(U)} = \dfrac{10}{10} = 1$。由此可见，基于变精度粗糙集的发动机故障检测参数属性集合 F 对发动机决策属性集 D 的分类质量与发动机条件属性集 C 对发动机决策属性集 D

的分类质量相等，分类质量并未发生变化。

综合比较发动机基于粗糙集和基于变精度粗糙集的故障检测参数选取结果，可以发现，在不改变对发动机故障分类能力的前提下，变精度粗糙集方法得到了更为精简的结果。因此，可以采用基于变精度粗糙集的故障检测参数选取结果作为发动机故障检测参数的选取结果。另外，夏鲁瑞基于检测参数的重要度排序结果并结合发动机故障发生次数进行最终参数的选择，其结果为 { Nwr, Powr, Pmr, Por, Gr, Per, Tohr, Towr, Nwy, Gy, Poy, Pezy, Pey, Powy, Pewy, Povy, Povr, Peo, Pol, Pel, Pk, Py, Pfr, Pfy, Pf } 等 25 个参数，与本节所得到的故障检测参数选取结果略有不同。但本节所提取出的特征能够实现对已有四种故障的分类，说明基于粗糙集的参数选取方法对发动机检测参数进行选择是合理可行的。

2. 液氧煤油发动机基于粗糙集的故障检测参数选取实例研究

以我国某大型液氧煤油发动机为研究对象，取其发动机试车数据和工作状态构成决策表，使用基于变精度粗糙集的故障诊断参数选取方法对发动机检测参数进行参数选取。

根据发动机的功能和结构，将发动机系统分为燃料入口路、氧化剂入口路、涡轮泵系统、泵隔离端、燃气发生器、推力室和流量调节器及点火导管等几个部分。取发动机四次正常试车、一次故障试车数据，构造决策表如表 8-4 所示，构造规则如前所述。

表 8-4　某液氧煤油火箭发动机燃料入口路故障诊断决策表

U	C						D
	a	b	c	d	e	f	
	Pif	qmf	Tif	ntppf	Pmx	Pmqx	
x_1	1	1	2	1	3	1	1
x_2	2	1	1	2	1	2	1
x_3	2	1	1	3	1	1	1
x_4	2	1	2	1	2	1	1
x_5	2	2	2	2	1	1	2

经计算，得到液氧煤油发动机燃料入口路故障检测参数选取结果为 { qmf, Tif, ntppf }，由初始的 7 个精简为 3 个；氧化剂入口路故障检测参数选取结果为 { qmo, ntppo }，由初始的 7 个精简为 2 个；涡轮泵系统故障检测参数选取结果为 { Pipo, Pepo, Pipfl, Pepfl, Pepf2, nt, Pevjl }，由初始的 15 个精简为 7 个；泵隔离端故障检测参数选取结果为 { Pirpo, Pbcip }，由初始的 7 个精简为 2 个；燃气发生器故障检测参数选取结果为 { Pihfg, Pihog }，保持不变；推力室故障检测参数选取结果为 { Pcj1, Pcj23, Pevfc, Fe, Pigc }，由初始的 8 个精简为 5 个；流量调节器及点火导管故障检测参数选取结果为 { Pej2, Piti }，由初始的 8 个精简为 2 个。因此，某型液氧煤油发动机故障检测参数选取结果为 { qmf, Tif, ntppf, qmo, ntppo， Pipo，Pepo，Pipf1，Pepf1，Pepf2，nt，Pevjl， Pirpo，Pbcip， Pihfg，Pihog， Pcj1，Pcj23，Pevfc，Fe，Pigc， Pej2，Piti }，发动机故障检测参数由 54 个精简为 23 个。

8.3　发动机传感器配置优化方法研究

在液体火箭发动机地面试车过程中，为了测量得到发动机的工作状态，在发动机的不同位置安装了包括流量、转速、温度、加速度、振动和压力等多个不同种类的传感器。但配置这些传感器的主要目的是测量发动机的有关参数以确定发动机的功能和性能，没有充分考虑故障检测与诊断的要求。因此，本节将以诊断发动机故障的性能作为约束条件，对发动机传感器配置优化问题进行研究。在发动机传感器配置优化中，考虑到先验知识的未知性和模糊性以及故障发生的随机性等特点，利用云理论能有机结合模糊性和随机性的优势，建立描述发动机传感器配置优化问题的模型，结合粒子群优化算法开展该优化问题的求解计算。

8.3.1　基于云理论的发动机传感器配置优化模型

液体火箭发动机故障检测与诊断过程中需要满足故障检测率（Fault Detection Rate，FDR）、故障隔离率（Fault Isolation Rate，FIR）和虚报警率（False Alarm Rate，FAR）等主要性能指标。其可描述为：故障检测率 FDR $\geqslant D_{\text{request}}$；故障分辨率 FIR $\geqslant I_{\text{request}}$；虚报警率 FAR $\leqslant A_{\text{request}}$，其中 D_{request}、I_{request}、A_{request} 分别为应满足的故障检测率、故障分辨率和虚报警率指标。

假设发动机可供选择的传感器集合为 $S = \{s_1, s_2, \cdots, s_m\}$，$m$ 是备选传感器的总个数，$V = \{v_1, v_2, \cdots, v_n\}$ 表示发动机的 n 个故障，$n \times m$ 的二进制矩阵 $D = [d_{ij}]$ 表示发动机的故障集 V 和传感器集 S 之间的关系（如果传感器 s_j 可以检测到发动机的故障 v_i，则 $d_{ij} = 1$；否则 $d_{ij} = 0$），则液体火箭发动机传感器配置优化问题可转化为在集合 S 中选择最少的传感器组合，满足设定的发动机故障检测与诊断主要性能指标约束条件。配置的结果将由一个二进制向量 $X = [x_j](j = 1, 2, \cdots, m)$ 来表示传感器的选择情况。若向量中 $x_j = 1$，则表示备选传感器 s_j 被选择使用；若 $x_j = 0$，则表示备选传感器不被选择。

同时，记 PV $= \{p(v_i)\}(i = 1, 2, \cdots, n)$，$p(v_i)$ 表示故障 v_i 发生的先验知识；PS $= \{p(s_j)\}(j = 1, 2, \cdots, m)$，$p(s_j)$ 表示备选传感器 s_j 自身发生故障的先验知识；PD $= \{\text{Pd}_{ij}\}$ $(i = 1, 2, \cdots, n, j = 1, 2, \cdots, m)$，$\text{Pd}_{ij}$ 表示备选传感器 s_j 能够检测故障 v_i 的先验知识，则发动机故障检测与诊断的性能指标约束可进一步描述为以下几个方面。

（1）故障检测率约束。每个故障 v_i 的故障检测率为

$$\text{Pd}_i = \frac{\sum_{j=1}^{m} x_j d_{ij} \text{Pd}_{ij}(1 - p(s_j))}{\sum_{j=1}^{m} x_j d_{ij}} \tag{8-8}$$

对于任意的故障 v_i，式(8-8)中分母都不能为 0，否则表示故障 v_i 不能被检测。故障检测率应满足

$$\mathrm{FDR} = \frac{\displaystyle\sum_{i=1}^{n} p(v_i)\mathrm{Pd}_i}{\displaystyle\sum_{i=1}^{n} p(v_i)} \geqslant D_{\mathrm{request}} \tag{8-9}$$

(2) 故障分辨率约束。传感器单故障分辨率可描述为

$$\mathrm{FIR} = \frac{\displaystyle\sum_{i=1}^{n}\left[p(v_i)\prod_{j=1}^{m}(1-x_j d_{ij} p(s_j))\right]}{\displaystyle\sum_{i=1}^{n}\left[p(v_i)(1-\prod_{j=1}^{m} p(s_j)x_j d_{ij})\right]} \geqslant I_{\mathrm{request}} \tag{8-10}$$

(3) 虚报警率约束。传感器虚报警率约束为

$$\mathrm{FAR} = \frac{\displaystyle\sum_{i=1}^{n}\left[(1-p(v_i))\prod_{j=1}^{m} p(s_j)d_{ij}x_j\right]}{\displaystyle\sum_{i=1}^{n}\left[(1-p(v_i))\prod_{j=1}^{m}(1-p(s_j)d_{ij}x_j)\right]} \leqslant A_{\mathrm{request}} \tag{8-11}$$

因此，本节对液体火箭发动机的传感器配置优化可以转化为在所选的传感器组合满足上述 3 个故障诊断性能指标的前提下，使传感器数量最少。然而，由于发动机故障先验知识 $p(v_i)$，传感器自身故障先验知识 $p(s_j)$ 和传感器检测故障先验知识 Pd_{ij} 具有随机和模糊的双重不确定性，因此本节将其扩展为云 $(\mathrm{Ex},\mathrm{En},\mathrm{He})$ 来表示，最终的传感器配置模型描述如下。

约束条件：

$$\begin{cases} \mathrm{FDR} = \dfrac{\displaystyle\sum_{i=1}^{n} p(v_i)\mathrm{Pd}_i}{\displaystyle\sum_{i=1}^{n} p(v_i)} \geqslant D_{\mathrm{request}} \\[2em] \mathrm{FIR} = \dfrac{\displaystyle\sum_{i=1}^{n}\left[p(v_i)\prod_{j=1}^{m}(1-x_j d_{ij} p(s_j))\right]}{\displaystyle\sum_{i=1}^{n}\left[p(v_i)(1-\prod_{j=1}^{m} p(s_j)x_j d_{ij})\right]} \geqslant I_{\mathrm{request}} \\[2em] \mathrm{FAR} = \dfrac{\displaystyle\sum_{i=1}^{n}\left[(1-p(v_i))\prod_{j=1}^{m} p(s_j)d_{ij}x_j\right]}{\displaystyle\sum_{i=1}^{n}\left[(1-p(v_i))\prod_{j=1}^{m}(1-p(s_j)d_{ij}x_j)\right]} \leqslant A_{\mathrm{request}} \end{cases} \tag{8-12}$$

求解域为 $x_j \in \{0,1\}\,(j=1,2,\cdots,m)$。

目标函数为 $\mathrm{Min}(X)$。

8.3.2　基于粒子群的传感器配置优化求解算法

式(8-12)给出了发动机传感器配置的优化问题描述。在此基础上，本节将基于粒子群优化算法对该优化问题进行求解。

PSO 是一种基于群体智能(Swarm Intelligence)原理的优化算法，源于对鸟群觅食过程中迁徙和聚集的模拟，由 Kennedy 和 Eberhart 于 1995 年提出，它具有收敛速度快、易实现并且仅有少量参数需要调整的优点。动态加速常数协同惯性权重的粒子群优化(Particle Swarm Optimization with Dynamic Accelerating Constant and Coordinating with Inertia Weight, WCPSO)算法是对标准粒子群优化算法的改进。其惯性权重描述了上一代速度对当前代速度的影响，可以调节全局与局部寻优能力，同时，动态加速常数可以在优化早期鼓励粒子在整个搜索空间移动，在优化的后期提高趋于最优解的收敛率。因此，动态加速常数协同惯性权重的同时调节，使得算法的收敛精度得到有效的提高。为此，本节将采用 WCPSO 算法来对液体火箭发动机进行传感器配置优化。

假设经过故障检测参数选取后的发动机故障检测参数为 M 个，对应的备选传感器也为 $m = M$ 个。WCPSO 算法中的粒子数为 m 个，维数 d 为 1，其适应度函数为

$$f(X_i) = \lambda_1 \left(\frac{\mathrm{FDR}(X_i)}{D_{\mathrm{request}}} \right)^2 + \lambda_2 \left(\frac{\mathrm{FIR}(X_i)}{I_{\mathrm{request}}} \right)^2 + \lambda_3 \left(\frac{\mathrm{FAR}(X_i)}{A_{\mathrm{request}}} \right)^2 + \lambda_4 \frac{\mathrm{sum}(X_i)}{m}$$

$$(8\text{-}13)$$

式中，X_i 为发动机传感器在第 i 步的选择情况；λ_1、λ_2、λ_3 和 λ_4 为权重系数；m 为发动机备选传感器个数。

液体火箭发动机传感器配置优化过程如下。

(1)根据粒子数 pn 和维数 d，随机初始化种群中各粒子的位置和速度。

(2)计算初始群体的适应度并统计群体信息。

(3)比较粒子的当前适应度和自身最优值 pbest，如果当前值比 pbest 更优，则将粒子当前值赋给 pbest。

(4)比较粒子适应度值与种群最优值 pgbest，如果当前值比 pgbest 更优，则将粒子当前值赋给 pgbest。

(5)更新粒子的位移方向和步长，产生新种群 $X(t+1)$，判断新群体是否满足优化终止条件，满足则转至步骤(6)，否则转至步骤(1)。

(6)退出迭代计算，优化结束，输出优化结果。

8.3.3　传感器配置优化实例研究

以液氧煤油发动机故障检测参数选取后的 23 个参数对应的传感器作为备选传感器，进行传感器的配置优化。备选传感器集合为 $S = \{s_1, s_2, \cdots, s_{23}\}$，其中各个传感器采集的参

数如表 8-5 所示。

表 8-5　液氧煤油发动机备选传感器测量参数及其云理论的描述

传感器	参数	对应的云描述	传感器	参数	对应的云描述
s_1	Qmf	(0.005,0.002,0.001)	s_{13}	Pirpo	(0.01,0.003,0.001)
s_2	Tif	(0.007,0.001,0.001)	s_{14}	Pbcip	(0.007,0.002,0.001)
s_3	ntppf	(0.005,0.001,0.001)	s_{15}	Pihfg	(0.008,0.002,0.001)
s_4	Qmo	(0.013,0.002,0.001)	s_{16}	Pihog	(0.009,0.002,0.001)
s_5	ntppo	(0.016,0.003,0.001)	s_{17}	Pcj1	(0.003,0.001,0.001)
s_6	Pipo	(0.015,0.002,0.001)	s_{18}	Pcj23	(0.004,0.001,0.001)
s_7	Pepo	(0.009,0.001,0.001)	s_{19}	Pevfc	(0.007,0.002,0.001)
s_8	Pipf1	(0.003,0.001,0.001)	s_{20}	Fe	(0.009,0.002,0.001)
s_9	Pepf1	(0.008,0.002,0.001)	s_{21}	Pigc	(0.006,0.001,0.001)
s_{10}	Pepf2	(0.004,0.001,0.001)	s_{22}	Pej2	(0.004,0.001,0.001)
s_{11}	Nt	(0.009,0.002,0.001)	s_{23}	Piti	(0.006,0.0012,0.001)
s_{12}	Pevjl	(0.012,0.003,0.001)			

故障源为 $F = \{f_1, f_2, f_3, f_4\}$，对故障源发生的先验知识以云来表示：

$$P(F) = \{(0.01,0.003,0.003),(0.02,0.005,0.004),(0.01,0.002,0.004),(0.02,0.007,0.003)\}$$

同理，将传感器自身发生故障的先验知识以云来表示，具体值见表 8-5。

$$P(S) = \{(0.005,0.002,0.001),(0.007,0.001,0.001),\cdots,(0.006,0.0012,0.001)\}$$

约束条件设置为

$$D_{request} = 0.998, \quad I_{request} = 0.995, \quad A_{request} = 0.005$$

对于 WCPSO，各参数设置如表 8-6 所示。

表 8-6　发动机传感器配置优化 WCPSO 算法参数设置

WCPSO	粒子数 pn	权值 $\omega_{max}, \omega_{min}$	常数 R_1	常数 R_2	常数 R_3	常数 R_4	最大进化代数 T_{max}	最大限制速度 V_{max}
参数设置	60	1.2, 0.4	1	0.5	6	2	100	5

发动机传感器配置 WCPSO 算法的适应度曲线如图 8-3 所示。经过优化后的结果为 $X = [x_j] = [1\ 0\ 1\ 1\ 1\ 0\ 1\ 1\ 1\ 1\ 1\ 0\ 1\ 1\ 1\ 0\ 1\ 1\ 1\ 1\ 0]$，即当选用参数{ qmf, ntppf, qmo, ntppo, Pepo, Pipf1, Pepf1, Pepf2, nt, Pevjl, Pbcip, Pihfg, Pihog, Pcj1, Pevfc, Fe, Pigc, Pej2 }所对应的 18 个传感器时，该结果是能够满足设定的故障诊断性能指标约束条件下最少的传感器组合。

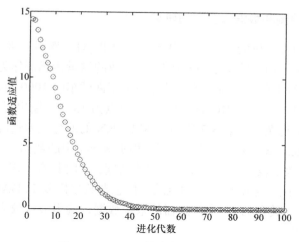

图 8-3　WCPSO 算法的适应度曲线

　　基于云-神经网络的传感器故障检测和数据恢复算法的流程如图 8-4 所示：①将传感器测量采集的 t 时刻液体火箭发动机试车数据,输入发动机传感器故障检测云-神经网络,并根据网络的仿真结果与实际测量结果相比较,判断传感器是否发生故障；②如果传感器发生故障,则隔离出故障传感器；③对隔离了的故障传感器,使用与其对应的故障传感器数据恢复云-神经网络,获得代替故障传感器输出的近似正确值。

　　发动机基于云-神经网络的传感器故障检测和数据恢复算法,主要包括一个传感器故障检测云-神经网络(Sensor Fault Detection Cloud Neural Network,SFDCNN)和 n (需要检测的传感器个数)个故障传感器数据恢复云-神经网络(Fault Sensor Data Accommodation Cloud Neural Network,FSDACNN)。SFDCNN 用来判断传感器是否发生故障以及隔离故障传感器,而 FSDACNN 用来对已隔离的故障传感器进行数据恢复。

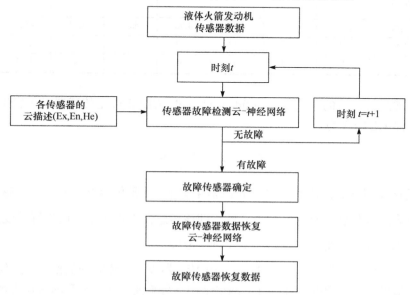

图 8-4　液体火箭发动机基于云-神经网络的传感器故障检测和数据恢复算法

8.3.4　传感器故障检测和数据恢复实例研究

本节以液氧煤油发动机的燃料一级泵出口压力 Pepf1、燃料二级泵出口压力 Pepf2、燃烧室点火压力 Pigc 和主涡轮转速 nt 等 13 个参数的测量传感器作为研究对象。以某次正常试车的 1000 组数据作为训练样本，另外一次正常试车的 1000 组数据作为测试样本。

发动机传感器故障检测 SFDCNN 的输入层节点为 13 个，输出层节点为 13 个，隐层节点根据训练结果进行调整。表 8-7 给出了 SFDCNN 的部分误差情况。表中给出的是对应于各参数的训练或测试结果的最大误差值。根据表 8-7 中的数据，当隐层节点为 15 时，云-神经网络的学习效果较好，具有较高的训练精度，同时具有一定的推广性能，因此确定 SFDCNN 的隐层节点数为 15。发动机故障传感器数据恢复 FSDACNN 的输入节点数为 12 个，输入向量为其余的 12 个传感器的采集数据，输出节点数为 1 个，输出向量为该传感器的仿真输出。

表 8-7　发动机 SFDCNN 误差情况

误差		隐层节点数/个							
		10		15		20		25	
		最大值	平均值	最大值	平均值	最大值	平均值	最大值	平均值
训练误差/%	Pepf1	8.49	1.89	4.01	1.15	4.84	1.26	4.48	1.25
	Pepf2	11.02	1.49	2.77	0.66	1.66	0.35	2.26	1.56
	Pigc	5.61	1.75	3.06	0.56	4.95	0.59	4.56	1.33
	nt	0.63	0.11	0.29	0.05	0.52	0.08	0.39	0.09
测试误差/%	Pepf1	4.65	1.63	7.43	1.61	11.31	1.98	14.58	2.14
	Pepf2	3.93	1.57	6.45	4.08	5.01	1.59	42.96	2.29
	Pigc	6.84	2.47	8.13	5.13	10.71	7.33	9.93	2.97
	nt	1.06	0.69	1.41	1.01	1.58	0.41	1.05	0.45

同时，通过传感器的置信度（Confidence Level，CL）来确定传感器是否发生故障。传感器的置信度 CL 定义为

$$\mathrm{CL}_i = 1 - \frac{|\hat{y}_i - y_i^r|}{\hat{y}_i} \tag{8-14}$$

式中，$\hat{y}$ 是神经网络的预估值；y^r 是传感器采集值；i 是传感器序号。当传感器的置信度趋于 1 时表示该传感器有较高的可靠性，即该传感器工作正常；而当置信度趋于 0 时表示该传感器可靠性较低，即该传感器出现了故障。

在已有的历史试车数据当中，没有发动机传感器发生故障时的数据，因此使用正常数据的某一比值模拟故障数据对训练好的网络结构进行验证。图 8-5 和图 8-6 为神经网络的

训练和测试结果，由此可见，在传感器正常的情况下，各个参数的置信度均接近于 1。

为了能够检测 SFDCNN 的传感器故障检测性能，将传感器的正常数据取其一定的百分数，再计算其置信度。图 8-7 为假设传感器 Pepf1 故障时的各传感器置信度。在计算中，分别取参数 Pepf1 为正常数据的 80%，50% 和 20%，并利用 SFDCNN 进行仿真计算，得到各传感器的置信度。由图 8-7 可知，传感器 Pepf1 的置信度有显著下降，并且下降幅度与所取参数数据比值基本相符，同时其余参数的置信度并未发生变化，仍然均接近于 1，可由此判定传感器 Pepf1 发生了故障，而其余传感器均正常。由此可见，发动机基于云-神经网络的传感器故障检测方法能够实现传感器故障检测，算法是可行有效的。

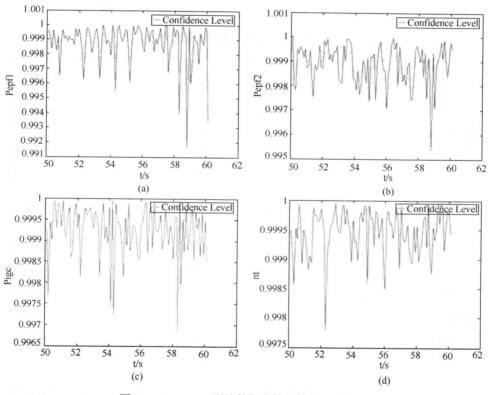

图 8-5　SFDCNN 训练数据参数的传感器置信度

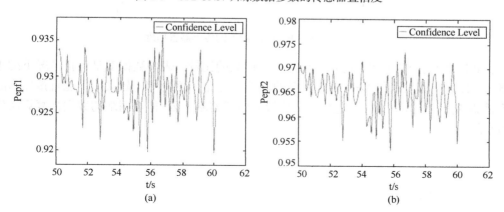

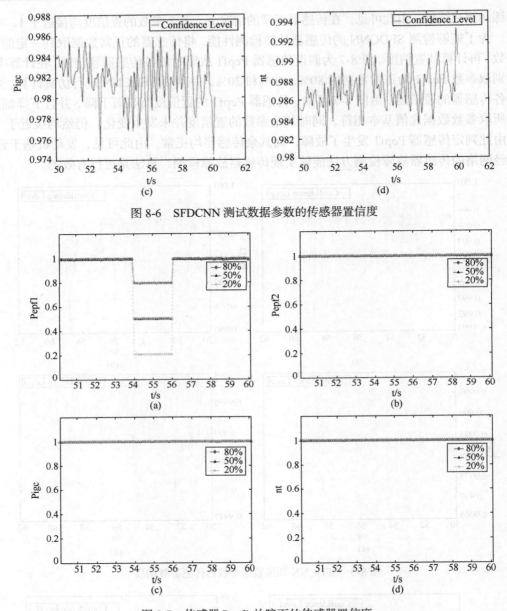

图 8-6　SFDCNN 测试数据参数的传感器置信度

图 8-7　传感器 Pepf1 故障下的传感器置信度

　　表 8-8 给出了 SFDCNN 仿真输出与正常读数的比较。表中数据都是各自情况下的平均值。可以看出，发动机 SFDCNN 的仿真输出与正常值之间相差较大，不能直接作为故障传感器的恢复数据，这也是进行发动机故障传感器基于云-神经网络的数据恢复算法研究的原因。

表 8-8　发动机 SFDCNN 仿真输出与正常读数比较（平均值）

故障传感器/%	正常读数	神经网络算法恢复数值		
		20%读数	50%读数	80%读数
Pepf1	88.52	48.54	57.11	64.25
Pepf2	82.14	44.19	50.95	57.45
Pigc	91.28	50.39	59.42	67.03
nt	89.14	49.58	59.64	68.97

　　在检测出传感器 Pepf1 发生故障后，需要使用发动机故障传感器数据恢复云-神经网络，对故障传感器 Pepf1 进行数据恢复，其结果如图 8-8 所示。表 8-9 给出了故障传感器 Pepf1 数据恢复仿真输出结果与正常读数的比较。数据恢复仿真输出结果与正常读数误差在 0.7%以内，说明发动机故障传感器云-神经网络数据恢复算法是可行有效的，数据恢复仿真输出结果可以代替故障传感器测量数据。

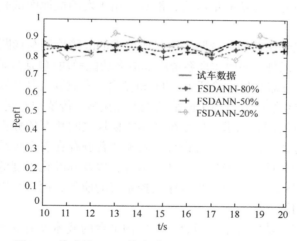

图 8-8　传感器 Pepf1 故障时 FSDACNN 的输出结果

表 8-9　传感器 Pepf1 故障时 FSDACNN 的结果比较（平均值）

故障传感器/%	正常读数	神经网络算法恢复数值		
		20%读数	50%读数	80%读数
Pepf1	88.52	88.86	87.94	88.16

第9章 液体火箭发动机实时故障检测系统设计与实现

9.1 引　言

实现工程实用的液体火箭发动机健康监控系统是发动机健康监控技术应用研究的主要目的。世界各航天大国都一直十分重视健康监控系统的研制开发。发动机健康监控系统不仅可以在试验和飞行中实时监测发动机的工作状态，及早检测出发生的故障，并采取必要的控制措施避免灾难性事故的发生，而且还可以进行进一步的事后故障诊断与分析，为改进发动机设计、提高发动机可靠性、缩短研制周期、降低研制费用提供重要的指导。目前，国内虽然已提出不少故障检测与诊断的算法，但从整体看，这些研究工作还基本上处于理论研究、方法验证阶段，能真正用于发动机地面试验与箭上运行的故障检测与诊断系统很少。

液体火箭发动机健康监控系统除了满足所要求的故障检测与诊断的及时性、实时性与准确性等性能指标以外，如何实现系统内部诸多功能模块(包括故障检测与诊断、数据采集与存储管理、传感器测量与验证等)的有机整合，有效屏蔽其开发平台和技术的多样性，是当前健康监控系统研发过程中面临的难点和挑战。传统的专用系统设计开发模式，虽然能满足某时间点的固化需求，但系统各功能模块之间相互依赖程度高，具有相似功能的模块配置比较分散。因此，这种设计开发模式普遍存在着系统结构和功能模块紧耦合、重用性差、互操作性差、异构平台调用困难，以及标准化程度低、自适应能力弱等诸多缺陷，不仅难以保证最终发动机健康监控系统的质量，而且难以快速响应系统后期的需求变化和维护问题。

为实现易于扩展、功能可柔性组合、跨异构平台的液体火箭发动机健康监控系统，有效减轻异构性、互操作性以及技术不断发展变化(包括检测诊断算法的不断改进、先进测量传感器技术的不断采用)所带来的扩展性问题，发动机健康监控系统结构的设计必须满足三个特征：松耦合、透明、独立。松耦合决定了系统的可扩展性和伸缩性，透明与独立则决定了系统功能的自治性和平台无关性。传统的专用健康监控系统设计模式显然已无法满足这样的要求。

针对这些问题，本章首先根据液体火箭发动机健康监控系统的功能需求，以及可靠性、实时性、可扩展性及运行效率等性能指标，分析设计了一种基于数据-模型-视图-控制分层、开放和可复用的发动机健康监控系统框架；其次，基于所设计的这种健康监控系统框架，并结合前面的研究成果，针对我国某型高压补燃液氧煤油发动机，进行了发动机工作过程实时在线故障检测系统的详细设计与实现；然后利用发动机实际试车数据，对该系统进行了实验室离线验证；最后通过将该系统参加地面热试车，进行了热试车实时在线考核。

9.2　健康监控系统总体框架分析与设计

液体火箭发动机健康监控系统的功能需求主要包括实时故障检测、实时状态显示、综合决策与报警、事后故障分析、实时数据存储、数据通信、数据管理、数据转换、数据采集、模拟输出等。上述功能需求虽然具有明显的模块化特点，但功能模块之间相互耦合紧密，调用关系复杂，如图 9-1 所示。

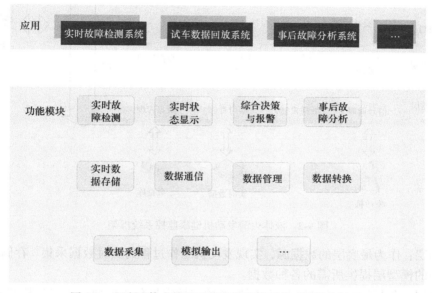

图 9-1　现有液体火箭发动机健康监控系统功能结构关系

设计液体火箭发动机健康监控系统框架，包含两个方面的含义。一方面是从发动机健康监控全系统功能和性能的角度进行规划和设计，为有计划和深入地研制系统各硬件及软件模块提供指导；另一方面，系统框架也是计算机软件工程中的一个重要的专用术语，框架是将某领域中专家经验、知识的共同部分进行综合提炼，并提供给该领域内的应用共享和重复使用，而仅显露出需要针对不同应用或某一特定问题进行定制的部分。基于框架创建的不同应用系统共享相同的结构，因此相比用不同的设计方案创建的多个应用更容易集成和维护。一个设计良好的发动机健康监控系统框架，在针对不同类型的液体火箭发动机开发健康监控系统时，可以共享系统框架的结构，只需要针对特定对象发动机开发响应的功能模块，就可以高效开发出相应的发动机健康监控系统。

为此，本节将集成上述两个方面的思想，将系统相似功能以分层的方式进行内聚，并基于面向服务的体系架构（Service-Oriented Architecture，SOA）和层次化结构设计的思想，分析设计液体火箭发动机健康监控系统框架。该框架将不仅能够实现层与层之间的松耦合，有效降低系统结构和接口关系的复杂性，而且系统的可复用性和可扩展性也会得到加强。

液体火箭发动机健康监控系统框架可划分为数据-模型-视图-控制（Data-Model-View-Control，DMVC）四个层次，如图 9-2 所示。

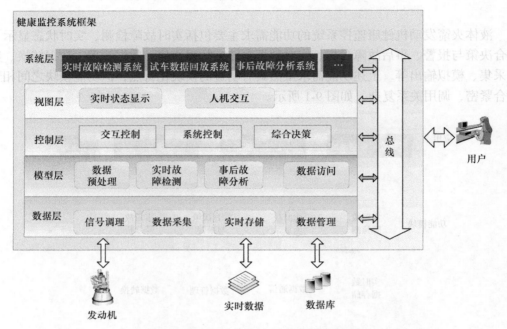

图 9-2　液体火箭发动机健康监控系统框架

数据层：作为最底层的数据源，实现发动机工作过程的实时数据采集、存储与管理，并为上面的模型层提供所需的各种数据。

模型层：包括用于故障检测与诊断的各种定性定量分析模型以及在此基础上发展的各种算法，同时在控制层的指令下实现对数据层的访问。

控制层：一方面接收视图层所传递的用户控制指令，完成系统的控制，调用模型层实现数据访问、故障检测与诊断、工作状态的判别与决策等功能；另一方面将模型层的处理结果在合适的视图中显示。

视图层：一方面作为人机交互界面，响应用户请求；另一方面集成数据层的数据信息和模型层的结果信息，实现发动机健康监控过程的实时显示与监测。

此外，总线作为系统各层统一的数据通信与传输接口，系统层则是对上述各层功能模块的封装，以及集成、考核与验证。

可以看出，上述结构中各层关系清晰，功能相对独立，容易实现健康监控系统各功能模块之间的松耦合，从而为发动机健康监控系统集成化和平台化的设计与实现提供了一条可行的途径。它有以下几个优点。

（1）系统各层以及各层内部功能模块之间通过统一的总线进行数据传输和通信，有效简化了系统功能模块间由频繁的调用而导致的复杂接口关系，而且各接口容易实现标准化，利于实现互操作性强、松耦合的健康监控系统。以图 9-2 为例，在以往的健康监控系统结构设计中，数据采集模块需要考虑信号调理、实时存储、数据预处理、实时故障检测、实时状态显示、人机交互等功能模块的接口关系。因此，在其 13 个主要功能模块中，要实现各功能模块之间的相互调用，则最多需要开发和维护 12×13/2=78 个接口关系，而采用上述的层次化结构设计后，则只需维护各层中功能模块到总线的接口即可。

（2）系统各层内功能模块以相对独立和自治的服务形式发布于总线，各服务经由高速总线直接进行调用和数据交换。这种方式不仅易于实现诊断算法和诊断知识的共享，有效克服跨异构平台数据和逻辑共享的困难，而且有效区隔了硬件、算法和通用软件，系统下层的任意改动(包括算法的升级、数据采集硬件的升级或改动等)都对上层透明。如果需要，任何组件(服务的具体实现)甚至整个层都可以换进换出，视图、模型、控制或数据任何一层的改变都不会影响到其他层模块的运行。例如，通过将故障检测与诊断方法以及先进的测量传感器技术等包装为不同的服务，并发布于总线，不仅可有效根据不同的应用，实现系统功能模块的裁剪、拼搭和组合，而且非常有利于实现遗留系统的重用。

（3）系统扩展性、移植性得到了很大程度的增强。在扩展性方面，由于框架中视图层与模型层没有必然的联系，都是通过控制层发生关系，因此允许多种用户视图的扩展，实现一模型对应多视图，即可以为一个模型在运行时同时建立和使用多个视图，而变化-传播机制则可以确保所有关联的视图及时得到模型数据的变化，实现同步。另外，如果要增加新类型的用户视图，只需要更改相应的视图层和控制层，而模型层则无须变动。在可移植性方面，因为模型是独立于视图的，所以可以把一个模型独立地移植到新的环境中工作，需要做的只是在新的环境对视图层和控制层进行修改。同样，对于数据、模型等底层之间的耦合关系也具有类似的特性。

9.3　液氧煤油发动机实时故障检测系统设计与实现

本节的研究对象为高压补燃液氧煤油发动机，其系统结构复杂，并具有高室压、大推力、可多次启动、工况可调节等特点。马红宇等采用多参数多组红线算法，设计和实现了用于地面试车的液氧煤油发动机故障监控系统，可以对启动、主级、变工况等过程进行实时监控。赵政社也对液氧煤油发动机地面试验的紧急关机系统进行了研制。但这些系统在故障检测的准确性、实时性、可复用性和移植性等方面均有待提高。本节针对该型发动机，基于所提出的健康监控系统框架，进行了发动机工作过程实时在线故障检测系统的设计、实现与验证。

9.3.1　数据层设计与实现

发动机实时故障检测系统的数据层按其存储和管理的数据种类，可以分为现场实时数据和非实时数据两大类，它们对数据的读写要求有着显著的区别。

非实时数据主要包括知识库、波形数据库、管理数据库等。其中，知识库为故障检测与诊断算法提供包括阈值、模型系数、规则等在内的知识；波形数据库用于存储发动机历史试车数据、仿真数据等及其分析结果；管理数据库存储用户信息、用户操作信息、发动机试车信息、测量通道信息等。非实时数据主要用于系统工作前准备、试后故障分析、数据管理等实时性要求不高的场合，而且其更多的是对数据的读取。

现场实时数据主要包括：通过对传感器测量信号进行采集后获得的电压、频率等原始信号和时统信号；上述采集的原始信号经转换处理后获得的发动机转速、流量、温度、压力、振动等状态参数；发动机工作过程实时故障检测与诊断方法的结果数据等。该类数据对实时性要求很高，要求能实时采集、存储和访问。

发动机实时故障检测系统的数据层，按其实现的功能服务，可以划分为实时数据采集、数据存储与管理两大部分。

1. 实时数据采集

实时数据采集是整个系统正常工作的基础，其直接关系到系统故障检测的实时性、准确性与及时性等性能。实时数据采集主要包括传感器信号拾取、实时采集两个环节。其中，传感器信号拾取又可分为传感器优化配置和传感器信号的隔离与调理两个部分。传感器优化配置涉及传感器选型、安装措施等技术，并应结合与故障检测诊断密切相关的新型传感器技术进行最小测点集的选择、配置与优化。传感器信号的隔离与调理包括放大、滤波、隔离、多路复用等诸多功能，其中如何在不影响发动机试车台原有数据采集系统的前提下，实现数据接口，是要解决的主要问题。实时采集则用于完成在发动机运行过程中缓变参数、速变参数等状态参数的实时信号采集，以及除噪、转换等预处理。

1) 信号隔离与调理

数据采集系统工作时，会受到周围环境和系统内部的各种干扰，严重影响数据采集系统尤其是对微弱信号的测量精度。同时，发动机地面试车实际测量条件与实时数据采集系统要求的输入条件不尽相同。因此，需要对输入电压等测量信号采取放大调理和隔离等措施。

在信号隔离方面，为有效抑制实际测量过程中的干扰，系统设计过程中采取了通用和专用两种信号隔离策略。

对于通用电信号测量的隔离，系统广泛采用屏蔽和干扰消除技术。具体包括：对传感器和数据采集系统之间的数据传输线路，基于电磁屏蔽导线消除信号传输过程中的干扰；采用导电性能良好的金属机柜对数据采集系统进行封装屏蔽以消除高频干扰磁场的影响；通过将数据采集系统供电的电源、机壳和机柜接地，降低系统在大地中产生的回路电流和共模干扰电压引起的干扰；针对数据采集系统的输入信号电压值较低，且需经过较长的传输距离和噪声环境，采用基于差分的信号输入方式，有效减小噪声干扰，提高共模抑制比。

此外，对于流量、转速等信号，则基于全隔离直流输入/输出模块设计实现了基于光电隔离的专用信号隔离系统。现场测试表明其具有可现场配置、防噪声和防电磁干扰的能力，能有效地对流量、转速等信号进行光电隔离。

在信号调理方面，由于流量和转速信号采用定时/计数的方式进行测量，要求输入信号的电压处在一定的范围内且信号波形较为规范。然而，在实际测量环境中，转速和流量信号电压的有效值明显偏低，不能满足定时/计数器的要求。因此，系统首先对转速、流量等信号通道的电压根据信号的大小进行了不同程度的放大，使其满足定时/计数器的输入电压要求。同时，针对转速信号中存在的高频谐波分量和谐波干扰对转速计数的影响，有针对性地将转速信号放大后的电压进行限幅处理，使其波形的上升沿变得更为陡峭，有效消除谐波的干扰。信号调理与隔离系统的结构原理图如图 9-3 所示。

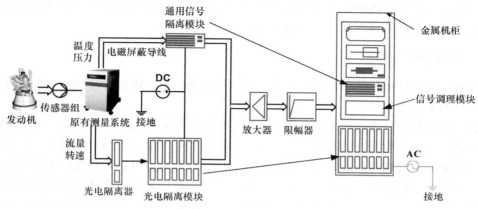

图 9-3　信号调理与隔离系统结构

2) 实时采集

液体火箭发动机试车时间短、工况复杂、测试参数多，因此实时信号采集除了要能完成发动机状态参数的实时采集与转换以外，还要具有较高的采样频率和精度，并能实现多通道同步采集和触发采集功能。为此，系统基于 PXI (PCI eXtension for Instrumentation) 总线技术构建了地面试车的实时数据采集系统。其主要由数据采集卡、工控机等组成，如图 9-4 所示。

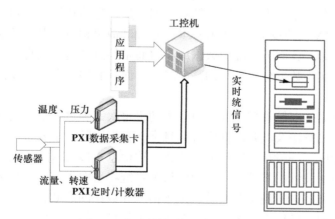

图 9-4　实时数据采集系统结构

数据采集卡用于对发动机地面试车时压力、温度、流量和转速等参数的实时测量，包括：基于 PXI 数据采集卡完成温度、压力等直流电信号的电压或电流值的测量，采样周期为 20ms；基于 PXI 定时/计数器完成流量和转速等周期性交流信号频率的计数。嵌入式实时控制器则用于对数据采集卡进行控制，工控机用于实现上述板卡和控制器的集成，并提供各模块间的高速实时通信。

同时，由于发动机实时数据采集涉及多板卡、多通道、多参数，为此，系统采用以下两种策略实现测量信号的同步：①在同一块板卡上集中同类型和相对更为重要的测量参数，充分利用数据采集板卡本身在测量通道的同步能力；②基于主卡和从卡策略，将主卡与从卡的主时基(Master Imebase)和启动触发信号(Start Trigger)进行关联，并采取工控机的 PXI 高速总线实现对于不同板卡的同步。

2. 数据存储与管理

高效、高质量地存储和管理发动机实时测量数据，是液体火箭发动机健康监控系统正常运行的关键之一。

在实时数据的存储管理方面，由于发动机实时故障检测过程中采样频率高、参数多、算法复杂，不仅对数据存储和处理的实时性要求较高，不能出现漏存的现象，而且需要满足数据采集、存储和故障检测等功能的并发实时性要求，具备对数据的实时同步读写功能。目前发动机故障检测系统常用的一种方式是将数据采集、存储和故障检测等功能集中在一台计算机上运行，并由该计算机维持一个公共内存区，作为数据采集的写缓存、数据实时存储和故障检测的读缓存。但这种方式由于将上述实时性要求很高的任务都在一台机器上进行，会极大限制系统的最高采样频率和整体性能，而且容易引起数据溢出和丢失。另一种常用的方式是先将数据在采集后写入数据库中，故障检测时再从数据库中读取数据进行分析。显然这种方式多了数据存储和读取的环节，会导致现场数据分析的实时性不高。

为此，系统将采取二进制流文件的形式进行测量参数的实时存储记录。这样既提高了数据存储的实时性，又减少了对存储空间的需求，在试车结束后，再将采集的实时数据转存到历史试车数据库中。同时，针对数据采集、存储和故障检测等功能的并发实时性要求，结合 SOA 相关技术，将数据采集、存储和故障检测等逻辑功能从层次上分离并以服务的形式发布。各服务不经由数据库存取而是经由高速总线直接进行调用和数据交换，不仅能有效实现数据分析处理的高实时性，而且底层数据采集硬件的升级和改动对于上层透明。

在非实时数据的存储管理方面，由于发动机每次试车过程中，其测量通道的数目及其拟合系数、检测算法及其判断准则等信息常会根据实际需求发生变化，而在以往的故障检测系统设计中，一般是以固定的方式将上述信息直接写入系统软件代码中，灵活性差。因此，本节所设计的发动机实时故障检测系统将采取了配置信息表和生成表两种不同表结构的设计方式，实现了对发动机试车信息和数据的高效管理与灵活配置。其中，配置信息表一方面存储用户、操作和试车等相关信息；另一方面对生成表的结构进行定义。生成表则根据配置信息表中的定义动态生成，用于存储每次发动机试车过程中的实际测量参数信息，其字段数和记录数将根据每次试车的信息而发生改变。

1)配置信息表

配置信息表主要包括用户表、操作信息表、发动机试车信息表、故障检测算法表和测量通道表等。

　　用户表包含用户识别码、用户名称、用户密码、用户角色、用户权限、用户机构、用户创建日期和时间等字段，其结构定义如表 9-1 所示。

表 9-1　Users：用户表

字段代号	字段名称	数据类型	长度
User_ID	用户识别码	int	4
User_Name	用户名称	varchar	50
User_Pwd	用户密码	char	10
User_Role	用户角色	char	10
User_Authority	用户权限	char	10
User_Org	用户机构	char	10
User_CreateDate	用户创建日期	datetime	8
User_CreateTime	用户创建时间	datetime	8

　　用户操作表包含操作识别码、用户识别码、登录时间、注销时间、登录操作等字段，其结构定义如表 9-2 所示。

表 9-2　Operation：用户操作表

字段代号	字段名称	数据类型	长度
Operation_ID	操作识别码	int	4
User_ID	用户识别码	int	4
LogOn_Time	登录时间	datetime	8
LogOff_Time	注销时间	datetime	8
Log_Operation	登录操作	char	10

　　发动机试车信息表包含试车识别码、试车日期、试车代码、试车发动机型号、测量通道数、发动机故障检测算法类型、用户识别码等字段，其结构定义如表 9-3 所示。

表 9-3　TestInformation：发动机试车信息表

字段代号	字段名称	数据类型	长度
Test_ID	试车识别码	int	4
Test_Date	试车日期	datetime	8
Test_Code	试车代码	char	10
Test_EngineType	试车发动机型号	char	10

续表

字段代号	字段名称	数据类型	长度
Channel_Number	测量通道数	int	4
Algorithm_TypeCode	发动机故障检测算法类型	char	10
User_ID	用户识别码	int	4

故障检测算法表包含算法类型、算法名称、检测时刻、阈值上限、阈值下限等字段，其结构定义如表 9-4 所示。

表 9-4　Algorithms：故障检测算法表

字段代号	字段名称	数据类型	长度
Algorithm_TypeCode	算法类型	char	10
Algorithm_Name	算法名称	char	10
Detecte_Time	检测时刻	datetime	8
Upper_Limit	阈值上限	float	8
Lower_Limit	阈值下限	float	8

测量通道表包含测量通道序号、通道标定系数 1、通道标定系数 2、通道标定系数 3、通道标定系数 4、通道参数类型等字段，其结构定义如表 9-5 所示。

表 9-5　Channels：测量通道表

字段代号	字段名称	数据类型	长度
Channel_Number	测量通道序号	int	4
Channel_Coefficient1	通道标定系数 1	float	8
Channel_Coefficient2	通道标定系数 2	float	8
Channel_Coefficient3	通道标定系数 3	float	8
Channel_Coefficient4	通道标定系数 4	float	8
Channel_ParaType	通道参数类型	int	4

2) 生成表

生成表根据配置信息表中的定义动态生成。在发动机试车前，与试车相关的信息已经存储到发动机试车信息表当中。此时用于发动机故障检测的算法和测量通道数也已确定下来，由此可以确定发动机的测量通道信息，并被一次性读入缓存中，用于动态生成电压、参数等数据表的结构。这样不仅可以避免反复从数据库中读取数据，而且提高了系统的灵活性。例如，采集电压表和测量参数表首先将读取发动机试车信息表中的配置信息，然后根据其中定义的测量通道数生成相应数量的测量电压和参数字段。

生成表主要有采集电压表、频率参数表、测量参数表、传感器故障检测信息表、发动机故障检测信息表等。

采集电压表包含试车识别码、采集时刻、测量通道序号等字段，其结构定义如表 9-6 所示。

表 9-6　Voltage：采集电压表

字段代号	字段名称	数据类型	长度
Test_ID	试车识别码	int	4
s	采集时刻	datetime	8
Channel_Number	测量通道序号	int	4

频率参数表包含试车识别码、采集时刻、参数 qmf、参数 qmo、参数 nt、参数 ntppf、参数 ntppo 等字段，其结构定义如表 9-7 所示。

表 9-7　Frequency：频率参数表

字段代号	字段名称	数据类型	长度
Test_ID	试车识别码	int	4
s	采集时刻	datetime	8
qmf	参数 qmf	float	8
qmo	参数 qmo	float	8
nt	参数 nt	float	8
ntppf	参数 ntppf	float	8
ntppo	参数 ntppo	float	8

测量参数表根据试车信息表和测量通道表经过计算转换动态生成，包含试车识别码、采集时刻、参数 Pio、参数 Pipo 等字段，其结构定义如表 9-8 所示。

表 9-8　Parameter：测量参数表

字段代号	字段名称	数据类型	长度
Test_ID	试车识别码	int	4
s	采集时刻	datetime	8
Pio	参数 Pio	float	8
Pipo	参数 Pipo	float	8

传感器故障检测信息表存储系统运行中所生成的传感器故障检测结果和报警信息，包括试车识别码、故障传感器、报警时间、报警判据等字段，其结构定义如表 9-9 所示。

表 9-9　SensorFaultDetection：传感器故障检测信息表

字段代号	字段名称	数据类型	长度
Test_ID	试车识别码	int	4
FaultParameter	故障传感器	char	10
FaultTime	报警时间	datetime	8
FaultEvidence	报警判据	char	10

发动机故障检测信息表存储系统运行中所生成的各种发动机故障检测结果和报警信息，包括试车识别码、报警时间、报警算法名称、报警判据等字段，其结构定义如表 9-10 所示。

表 9-10　FaultAlarm：发动机故障检测信息表

字段代号	字段名称	数据类型	长度
Test_ID	试车识别码	int	4
Alarm_s	报警时间	datetime	8
Alarm_Algorithm	报警算法名称	char	10
Alarm_Evidence	报警判据	char	10

数据库中表和表之间的关系如图 9-5 所示。

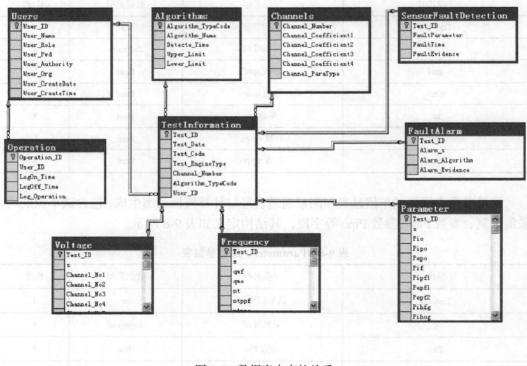

图 9-5　数据库中表的关系

9.3.2　模型层设计与实现

模型层主要包括数据访问、试车前准备、传感器数据处理和事后故障分析等功能服务。模型层是整个系统框架的核心，拥有最多的处理任务，不仅要求提供包括历史数据访问、实时数据访问和数据管理等在内的功能服务，而且还包括了如传感器数据处理、实时故障检测等诸多实时性要求很高的功能服务。但其处理过程对其他层来说是黑箱的，即接收来自控制层的用户功能请求，将最终处理结果返回到视图层显示，并且一个模型可以对应多个视图。发动机实时故障检测功能服务主要结合本书所发展的基于云-神经网络方法来实现，此处不再赘述。

1. 数据访问

数据访问主要提供对发动机用户信息、试车信息和试车数据的管理功能，包括用户和试车信息的增加、删除、修改，试车数据的浏览、查询和曲线显示等。试车数据的浏览要求提供发动机以往各次试车重要参数数据的浏览功能；数据查询提供对发动机各个部件有关参数的查询功能，并提供给用户建立复杂查询和选择输出结果列；数据曲线显示使用户能够以曲线图的形式观察发动机工作过程，包括对某次试车中的一个或多个参数和对一次或多次试车中的某个参数绘制曲线。

因此，对于该类数据来说，访问接口的标准化、通用化是其主要性能要求。一般符合当前主流设计标准的商用数据库(如 SQL Server、Oracle、DB2 等)或开源数据库(如 MySQL 等)基本能符合要求。同时，其相应的数据访问框架(如 iBatis、Hibernate 等)能通过对象-关系映射(Object-Relation Mapping，ORM)有效屏蔽底层数据库结构的变化对上层的影响，而且能通过数据-模型的自动映射功能有效降低系统开发的复杂度。模型层数据访问服务用例图如图 9-6 所示。

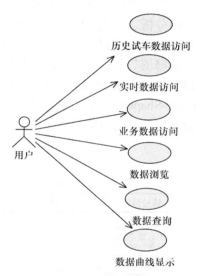

历史试车数据访问

实时数据访问

业务数据访问

用户

数据浏览

数据查询

数据曲线显示

图 9-6　模型层数据访问服务用例图

2. 试车前准备

由于发动机传感器和数据采集设备在经过一定时间的使用后会发生漂移，因此，在每次试车前都需要对数据采集设备及其测量通道进行校准和标定等准备工作。

试车前准备包括传感器数据测量通道的标定、拟合系数的计算等。测量通道标定用于对以电压形式表示的热力参数(温度、压力)测量通道进行标定。标定方法为：原有测量系统对每一个测量通道在其满量程范围内，以等间隔由小到大再由大到小的方法输出一恒定电压值，标定子系统对该电压进行一定时间(时间长度可根据需要设定)的记录，最后通过线性拟合程序，对记录的电压信号进行拟合，就可计算出该通道的标定系数。

3. 传感器数据处理

传感器数据处理服务包括传感器数据预处理、传感器数据验证与恢复等。传感器数据预处理是对发动机试车过程中的测量数据进行消噪处理。传感器数据验证与恢复是监控系统正常运行的前提，用于对传感器采集得到的测量数据进行有效性验证，以检验传感器是否正常响应发动机的运行状态，并在传感器故障情况下，对其进行恢复与重构，从而不影响监控系统的后续运行。

系统设计与实现过程中采用了李春华等提出基于小波分析的数据消噪 Mallat 算法和本书实现的基于云-神经网络的传感器故障检测和数据恢复算法，这样既可以滤掉大部分噪声，又不至于引起结果的明显失真。

4. 事后故障分析

在事后故障分析中，通过调用数据库中存储的数据，基于数据回放的方式来实现试车过程故障的再现，并应用各种信号处理方法，对试车数据进行更深层的分析及诊断。

发动机试车数据事后故障分析功能总体框架如图 9-7 所示，主要包括信号预处理、时域分析、频域分析、时频分析、AR 模型分析等，以及适应于微弱信号的小波分析与随机共振(SR)方法等。其中信号预处理包括数字滤波以及数据加窗处理等；时域分析方法包括峰值、谷值、有效值、均值、方差、偏度、峭度以及波峰因素分析；频域分析包括FFT 频谱、Hilbert 变换、功率谱和信号谐波谱分析；时频分析包括短时傅里叶变换(STFT)、Cone-Shaped 分布(CSD)、Choi-Williams 分布(CWD)、Wigner-Ville 分布(WVD)、Gabor分布以及自适应谱算法；小波分析包括小波变换和小波包分析。

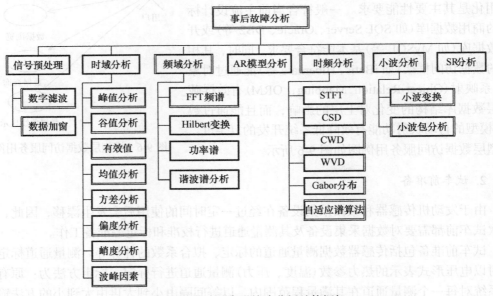

图 9-7　发动机事后故障分析总体框架

9.3.3　视图层设计与实现

视图是系统与用户进行人机交互，并向用户进行显示的图形用户界面。其工作流程为首先将用户的输入数据和功能请求传递给控制器；然后由控制器根据用户提交的请求，调用模型层中相应的功能模块进行处理；最后接收来自模型层的处理结果并按规定的显示方式进行显示。视图层不包括对数据的处理功能，对数据的分析和检测等功能全部由模型层负责。因此视图可以访问模型层的数据，但不能改变这些数据。一个模型可以对应多个视图，而一个视图也可以对应多个模型。

视图层完成的功能主要包括：①采集和处理用户的输入信息，提供人机交互机制；②处理用户请求，将用户请求转换为功能服务所能理解的请求，触发功能服务模块；③处理和显示系统的相关数据。

由于发动机实时故障检测系统一般基于分布式硬件网络构建，不仅网络中各计算机实现的功能不同，而且发动机每次试车的具体条件也会存在差异。这些都要求系统中每一个视图界面（View Interface，VI）均可依据这些差异化的需求，实现显示内容、方式以及用户交互机制等的定制，而并不是每一个 VI 都必须具有上述全部功能。因此，本章采取视图界面容器的方式设计系统的视图层界面，即通过将系统的显示界面划分为不同的功能区域，每个功能区域集中了具有相似逻辑功能的显示或用户交互控件，并可实现个性化定制。

图 9-8 所示为系统的主 VI 容器。其包含了试车信息、发动机监测参数、发动机故障检测和系统控制等显示功能区。试车信息显示区用于显示发动机的试车信息（包括试车代号、试车日期、运行时间和报警时间）。监测参数实时显示区用于对发动机的监测参数以数值、仪表和曲线等形式进行实时显示，同时还将显示传感器故障检测算法的结果。发动机故障检测显示区用于显示故障检测算法的结果信息（如算法名称、检测时间等）。系统控制单元区则集中了系统的控制功能（如用户登录、系统运行、停止和退出）。

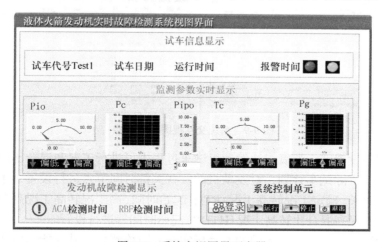

图 9-8　系统主视图界面容器

此外，随着发动机试车工况的变化和系统自身的升级等，系统的监测参数和故障检测算法会有所不同，需要在试车前对系统的监测参数和故障检测算法进行选择。为此，系统提供了如图 9-9 所示的交互 VI 容器。该容器将涉及系统与用户之间的交互功能进行了集中，用于实现显示内容、方式等信息的个性化定制。其主要包括监测参数选择区、试车时间设置区、故障检测算法选择区、用户管理区和数据管理区等。

在监测参数选择区，由于发动机实时故障检测系统运行时，不仅无须对所有参数进行全部显示，而且随着发动机状态的调整和系统的升级，其监测参数也会有所调整，因此，可以通过该界面对需要实时显示的发动机监测参数及其显示方式进行选择。

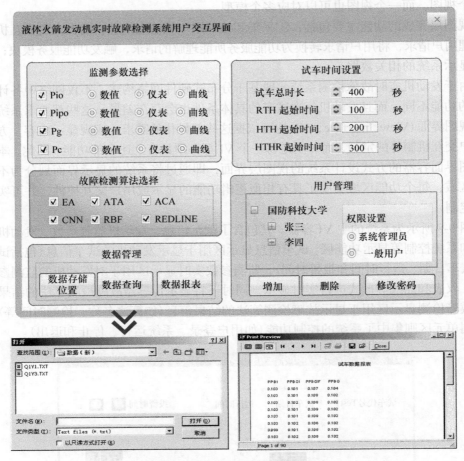

图 9-9　系统交互视图界面容器

在试车时间设置区，液氧煤油发动机试车过程中可进行工况和混合比调节，因此需要根据发动机的实际试车计划，对发动机的一些关键时间节点进行设置，主要包括对发动机的试车总时长、额定工况转高工况（RTH）起始时间、高工况转高工况高混合比（HTH）起始时间和高工况高混合比转高工况（HTHR）起始时间等进行设置。

在故障检测算法选择区，不同的发动机实时故障检测算法其性能和所适应的试车条件并不相同，因此需要开放交互接口提供选择和设置的功能。同样，在用户管理区，需要提供对系统用户的类型、权限等信息进行管理的功能（用户分为两类：一般用户和系统管理员。一般用户只能使用系统的部分授权功能，对非授权功能将无法使用；系统管理员为超级用户，具有用户管理、系统使用、维护等所有操作权限）。数据管理区需要提供对发动机的试车数据进行管理，如数据存储、数据查询和数据报表等功能。

主 VI 容器是视图层的核心。其本质上是将显示、用户交互控制等逻辑功能进行了分组，而每个分组区域实质上是一个个的子 VI。子 VI 上的控件类型、数量、显示内容、方式等则可通过交互 VI 容器进行定制。同时，子 VI 上的各控件通过调用主 VI 容器的公共服务模块将相关指令发送到控制层，并由控制层选择合适的 VI 控件以显示处理结果。因此，上述视图层的设计有效实现了视图层显示功能和底层实时故障检测等功能的解耦，不仅视图界面简单明了，而且避免了现有系统无法定制、需重复设计、难以实现快速开发、可扩展性差等局限性。

9.3.4　控制层设计与实现

控制层主要负责接收用户请求，根据用户的不同请求进行分派，调用相应的模型层功能服务来执行相应的功能，并获取模型层功能服务的处理结果，选择合适的显示视图将处理结果呈现给用户。通过这种方式，控制层将控制逻辑和其显示逻辑有效地分离开来。

控制层由控制器(Controller)和分派组件(Dispatcher)构成。控制器完成包括接收用户请求、错误请求处理和请求响应内容的生成等功能，而且基于集中的方式实现对用户请求的控制，因此可有效实现不同用户请求之间功能逻辑代码的复用。分派组件主要用于视图界面 VI 管理和浏览，也就是为用户选择合适的显示 VI，并同时提供对相关显示资源的控制。

液体火箭发动机实时故障检测系统控制层的具体处理流程如图 9-10 所示(以 "监测

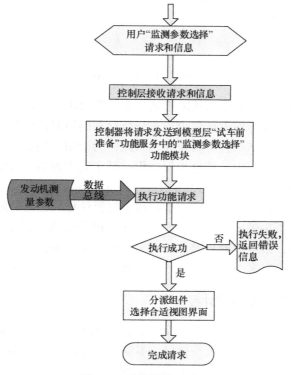

图 9-10　控制器处理流程

参数选择"功能请求的处理为例)。当用户在主视图界面发出"监测参数选择"功能请求并完成选择后,该功能请求和请求信息首先由视图界面通过总线将请求发送到控制层;控制层在得到该请求后,将请求发送到控制层控制器;控制器得到该请求后,对该请求进行分析,调用模型层"试车前准备"功能服务中的"监测参数选择"功能模块;功能模块从数据层将发动机的测量参数数目和名称读出,根据功能请求信息,完成"监测参数选择"处理;最后由控制层的分派组件选择用户交互视图界面,将处理结果显示给用户,完成用户的"监测参数选择"功能请求。图 9-11 所示为控制器的时序图,展示了用户请求的处理过程。

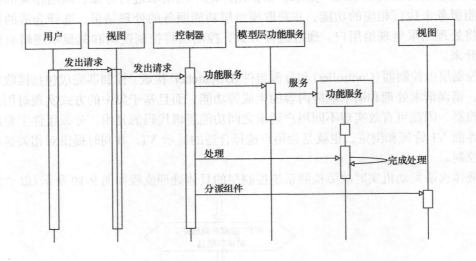

图 9-11　控制器时序图

控制层完成的另一个功能是对故障检测结果的综合决策。在对液体火箭发动机进行故障检测过程中,各个故障检测算法由于本身所存在的局限性以及阈值等参数确定方法的不同,最终的故障检测结果会有所差异。因此,为给用户提供一致有用的辅助决策信息,在发动机故障检测系统中,结合工程应用,基于表决逻辑开发实现了对故障检测结果的综合决策与报警模块,如图 9-12 所示。

其具体实现方法为:以工程应用中的红线关机算法作为系统故障检测与报警的最底限,该算法具有一票否决的最高权力,即当红线关机算法检测到故障时,无论其余算法是否已经检测出故障,系统立即报警。而对于其他故障检测算法,则以少数服从多数的方法进行表决,即只有当多个不同算法已经检测出故障时,系统才报警。

9.3.5　实时故障检测服务总线设计与实现

实时故障检测服务总线(Real-Time Fault Detection Service Bus,RTFDSB)提供了系统各层以及各功能模块访问调用的统一接口。本章将 RTFDSB 整合为实时数据通信、授权验证、事后诊断分析等分总线,每个分总线实现对各相似功能服务的整合并为其提供高效的交互合作机制。这样不仅有利于实现功能服务的独立,在应用或系统需求更改时可以整合和调整服务而不用修改底层功能模块，而且能够支持跨平台的不同服务之间的基本交互，甚至还可以将已存在的应用程序整合到该服务总线中。

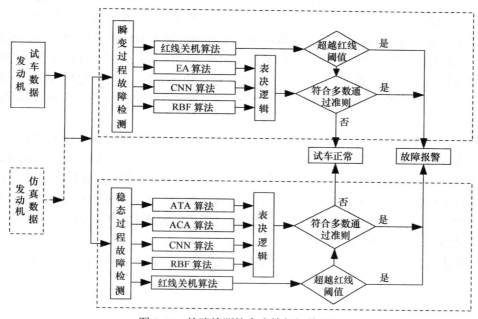

图 9-12　故障检测综合决策与报警方法

服务总线主要包括服务提供和服务管理两部分的功能。本章主要对 RTFDSB 提供的实时数据通信服务进行了分析和设计。

实时数据通信服务分为两个层次，一是将采集数据经转换后的温度、压力、流量和转速参数实时传送给模型层进行故障检测，二是转换后的参数在进行预处理后传送给视图层实现发动机工作过程关键参数的实时显示。其传输的数据类型主要包括：实验室考核与试车数据回放等过程中输出的模拟电压信号及经模数转换后的数字信号；发动机地面试车过程中实时采集的数字信号。因此，为保证数据传输的可靠性和实时性，除了应选择高速网络传输设备以外，还需要基于合适的网络传输协议。

目前，常用的网络数据传输协议（包括 TCP/IP 协议、UDP 协议、MailSlot、PipeLine 等）都难以满足液体火箭发动机健康监控系统的要求，其不仅要涉及较为复杂的 TCP/IP 底层编程，并且传输速率较慢、可靠性与实时性较差。而美国 NI 公司推出的 DataSocket 技术为网络中不同计算机之间的实时数据交换过程提供了一条捷径。为此，该系统基于 DataSocket 的 dstp 协议和发布-订阅模式设计开发了发动机故障检测的实时数据通信服务。该服务主要由发布器、订阅器和 DataSocket Server 等组成。其中，DataSocket Server 实现对实时数据通信服务的管理，而发布器和订阅器都是 DataSocket Server 的客户程序。发布器利用 PXI 计算机（主控机）采集数据并完成发布功能，即利用 Write 节点把采集的数据发布到 DataSocket Server 上的数据公共区；订阅器则利用 DataSocket Read 节点从数据公共区下载数据，以保证客户端原始实验数据的一致性。

9.3.6　系统层设计与实现

　　发动机实时故障检测系统在发动机健康监控系统框架中处于系统层，是对上述数据、模型、控制和视图等各层及层内各功能模块的集成。其要求完成的功能包括：通过历史试车数据的 D/A 转换输出、读取数据库中存储的试车数据并转换为模拟信号进行输出、完整再现发动机的试车过程、在参加发动机实际试车之前实现对系统各项性能的实验室考核与验证、具备实时在线工作能力和对发动机工作全过程(包括启动、主级、关机、变工况过程等)进行监测与报警的能力，并且能够在发动机地面试车中得到验证与实际应用。

　　同时，为保证系统的正常稳定运行，系统还应具有高可靠性，即系统不仅应支持多用户、多任务、多节点的分布式并行执行，而且各任务节点、模块间还应实现功能的相互独立和松耦合。某一任务节点或功能模块发生故障时，不能影响其他节点的正常工作，同时系统实时故障检测流程中所有任务节点的可靠性都不能低于发动机本身的可靠性。此外，系统结构应具有灵活的扩展能力，不仅可以适应新技术的发展而实现功能的快速扩充或升级，而且具有高度的互联特性。

　　液体火箭发动机实时故障检测系统分布式硬件网络和服务架构如图 9-13 所示。

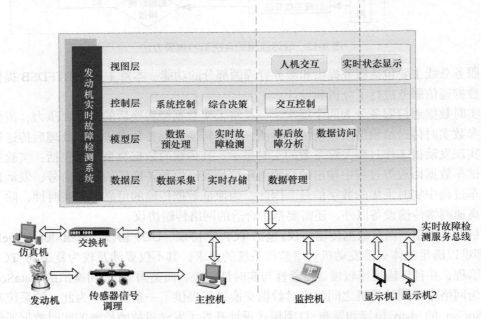

图 9-13　发动机实时故障检测系统分布式硬件网络和服务架构

　　在图 9-13 中，主控机为由 PXI 机箱、嵌入式控制器和数据采集板卡等构成的工控机，提供数据层中数据采集、实时存储，模型层中数据预处理、实时故障检测以及控制层中系统控制和综合决策等功能服务，同时，负责将采集数据实时传送到网络上。监控机实时从网络上接收采集数据，承担部分显示功能，如发动机工作状态重要数据的数值和仪表显示等，同时完成与用户的人机交互，提供交互控制、事后故障分析、数据访问和数据管理等功能服务。

　　显示机实时从网络上接收采集数据，并完成发动机工作过程的实时状态显示(以曲线形式)。系统的流程图如图9-14所示。

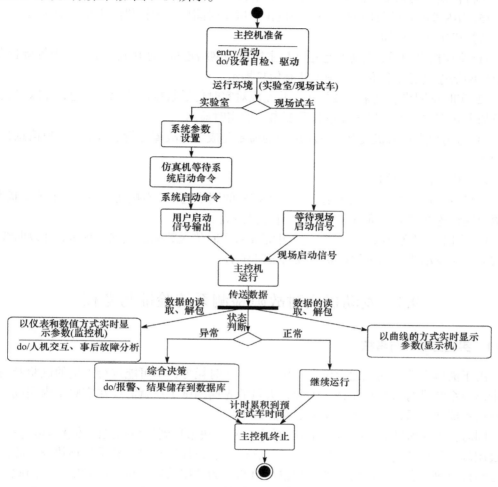

图9-14　发动机实时故障检测系统流程图

主控机工作流程如下。

　　(1)主控机启动，完成数据采集设备的自检和驱动，并处于准备状态，等待监控机和显示机在指定的通信端口上建立网络连接。

　　(2)若为实验室考核与验证环境，则待网络连接建立后，仿真机进入系统参数设置界面，完成包括试车数据选择、模拟输出通道及电压范围等参数的设定，系统参数设定完毕后，仿真机等待用户发出系统启动的命令，接收命令后，仿真机输出启动信号。

　　(3)若为发动机现场试车环境，则待网络连接建立后，主控机给出网络连接建立和准备完毕的状态信息提示，并处于等待状态，等待现场启动信号的到达。

　　(4)接收到启动信号，主控机即开始运行:

①完成测量数据的实时采集、转换、存储和故障检测，若检测到故障，则对故障检测结果进行综合决策，以声音和动画的形式报警，并将检测结果存于数据库中；

②将转换后的采集数据和时间标记打包传输至网络。

(5)当内部时钟的计时累积到发动机预定试车时间后，主控机终止系统的运行。

监控机工作流程如下。

(1)监控机启动后，主动发起建立与主控机的网络连接，连接建立后，处于等待状态，并给出网络连接建立和准备完毕的状态信息提示。

(2)实时从网络接收采集数据包，并完成对实时传送数据的读取、解包，并以仪表和数值的方式完成对发动机工作过程重要参数的实时显示。

(3)与用户进行人机交互，响应用户的命令完成事后故障分析、帮助、用户信息管理等功能。

显示机工作流程如下。

(1)显示机启动后，主动发起建立与主控机的网络连接，连接建立后，处于等待状态，并给出网络连接建立和准备完毕的状态信息提示。

(2)实时从网络接收采集数据包，并完成对实时传送数据的读取、解包，并以曲线的方式完成对发动机工作过程重要参数的实时显示。

9.4　发动机实时故障检测系统验证与考核

9.4.1　实验室验证与考核

由于液体火箭发动机地面试车费用昂贵，费时耗力，不可能进行大量的试验专门对健康监控系统进行考核与验证。因此，大量的先期测试工作就需要在实验室内完成，待各项技术成熟之后，再参加发动机地面热试车。

同时，在发动机实际试车过程中，数据采集模块采集到的数据是由传感器传送过来，经过调理后的电压信号和正弦信号，并且在研发、设计发动机参数采集模块与故障检测算法验证改进过程中，经常需要模拟输出电路来为数据采集系统提供激励源。因此，为了接近试验过程中发动机参数采集环境，我们设计了发动机模拟输出系统，为系统参加实际试车之前提供综合测试、考核与验证的平台。模拟输出系统工作时序如图 9-15 所示。

其中，模拟输出系统中的仿真机读取发动机历史试车数据，然后通过相应的模拟输出设备将数字信号转换为模拟电压信号，并发布到系统服务总线，成为故障检测系统的数据信号源。同时，通过将模拟输出设备的输出电压信号范围设置为与真实传感器的输出电压范围接近，不仅可实现发动机试车数据中重要参数的高速模拟输出，而且可以很好地模拟发动机现场试车过程中的模拟信号传输。

在实验室验证阶段，通过多次历史试车数据的模拟输出，对系统的综合性能进行了全面的验证和考核。结果表明所研制的系统在实时性和有效性等方面均满足了设计指标要求，可以参加实际的发动机地面热试车试验。

表 9-11 给出了所研制的系统对已有的历史试车数据检测结果。

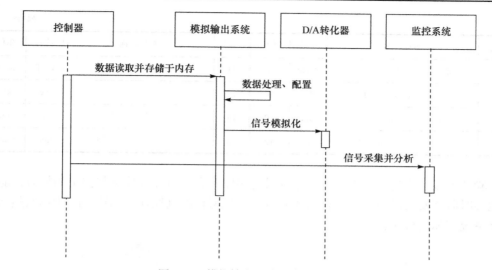

图 9-15　模拟输出系统工作时序图

表 9-11　故障检测系统检测结果

试车号	试车时长/s	检测时长/s	检测结果/s
Test1	300	80	78.90
Test2	600	580	正常
Test3	600	580	正常
Test4	400	380	正常
Test5	400	380	正常

9.4.2　发动机地面热试车考核

　　2011 年 7 月，在中国航天科技集团有限公司第六研究院第十一研究所和第一六五研究所的支持帮助下，为准备地面试车验证，首先对液氧煤油火箭发动机实时故障检测系统进行了测试和调整。期间，对实时故障检测系统的硬件和软件进行了检测与通电测试，结果表明系统运行状态良好。然后，利用信号发生器产生的标准信号和历史试车数据，对系统的性能再次进行了软硬件考核，结果表明系统及所有测量通道的各项性能均运行正常，具备了参加热试车的条件。最后，液氧煤油发动机实时故障检测系统进行了发动机地面热试车验证考核。该系统实时在线检测和记录的参数包括 11 路压力信号、1 路推力信号和 2 路转速信号，如表 9-12 所示。

表 9-12　系统监测的发动机运行参数表

序号	参数名称	符号	单位	序号	参数名称	符号	单位
1	燃料一级泵出口压力	Pepf1	MPa	4	发生器氧化剂喷前压力	Pihog	MPa
2	燃料一级泵出口压力	Pepf2	MPa	5	二三冷却带集液器压力	Pcj23	MPa
3	发生器燃料喷前压力	Pihfg	MPa	6	调节器转级控制腔压力	Pej2	MPa

续表

序号	参数名称	符号	单位	序号	参数名称	符号	单位
7	推力室燃料主阀后压力	Pevfc	MPa	11	燃料节流阀出口压力	Pevjl	MPa
8	点火导管入口压力	Piti	MPa	12	推力	Fe	kN
9	推力室点火喷嘴压力	Pigc	MPa	13	主涡轮泵转速	Nt	r/min
10	推力室燃料喷前压力	Pihfc	MPa	14	燃料预压涡轮泵转速	ntppf	r/min

　　验证考核结果进一步表明，该系统具有多路参数同时在线检测与记录的能力，能有效地实时监测发动机的运行状态。图 9-16 为验证考核的测控环境，图 9-17 为本次热试车中该系统实际运行状态。

图 9-16　发动机地面试车测控环境

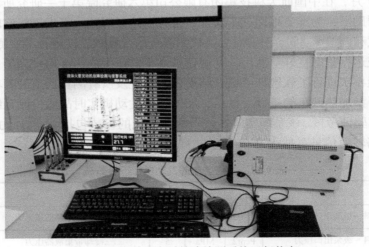

图 9-17　发动机实时故障检测系统运行状态

通过系统的在线运行和事后情况分析，可以得出如下结论。

（1）系统的软硬件运行正常，14路热力参数采集正常，而且采集的结果非常理想，系统具备了多次参加热试车的条件。

（2）系统设计达到了预定要求，能够实时在线地对发动机地面试车情况进行监控，不仅满足了故障检测实时性的要求，而且没有出现误报警和漏报警，具有良好的故障检测性能。

（3）研制开发的液氧煤油发动机实时故障检测系统具有良好的工程应用性，为健康监控技术的进一步研究和发展奠定了基础。

检测了工况参数测试与评估的系统

第 10 章　液体火箭发动机飞行前、飞行过程中和飞行后健康监测分析与设计

10.1　引　　言

本章研究对象某型高压补燃液氧煤油火箭发动机虽然当前是一次性使用的，但其研制阶段的设计启动次数为 10 次，并且该型发动机在地面试车条件下已经进行过多次使用，具备多次重复使用的潜力，有可能成为我国未来可重复使用运载器的备选动力装置。该发动机结构和工况复杂（既包括启动过程、额定工况到高工况过程、高工况到高工况高混合比过程、高工况高混合比到高工况过程等瞬变过程，也包括额定工况、高工况和高工况高混合比等稳态过程），推力和混合比可调节，因而对健康监控技术也提出了更高的要求，不仅要求能对发动机工作过程进行故障检测与诊断，而且要求具备能对发动机飞行前综合性能测试、飞行过程中实时状态记录和飞行后状态检测与评估的能力。

为此，本章结合光纤光栅、内窥检测等先进测量传感技术，对发动机重复使用过程中的飞行前综合性能测试、飞行过程实时状态记录和飞行后关键构件原位无损结构检测等健康监测的关键技术进行分析与设计。

10.2　发动机飞行前综合性能测试技术分析与设计

液体火箭发动机测试技术是火箭推进技术的重要组成部分。发动机综合性能测试的目的是通过对发动机各组成部件、功能模块工作状态的正确性以及兼容性进行测试，检测其是否达到所要求的技术指标，特别是发动机经受各种地面模拟环境考验后，检测其性能是否发生变化。

发动机综合性能测试按其测试场地可分为总装测试厂房、各种环境试验、技术区、发射区以及发射后测试等类型，按其使用环境可分为地面测试系统（Ground-Test System，GTS）和机内测试（Built-in Test，BIT）两大部分。自动测试系统（Automatic Test System，ATS）是地面测试系统不可缺少的重要组成部分，指采用计算机进行控制，在程控指令的指挥下，能够自动完成测试任务（激励、测量、数据处理、数据显示、输出测试结果等）而组合起来的测量仪器和其他设备的有机整体。将能够完成自动测试任务的设备称为自动测试设备（Automatic Test Equipment，ATE）。

10.2.1　研究现状分析

自动测试系统经历了专用型自动测试系统、积木型自动测试系统、模块化仪器集成

型自动测试系统等三个发展阶段。

20 世纪 80 年代初，法国宇航公司(Aerospatiable Matra)针对超声速"协和"客机，研制了第一代通用自动测试平台 ATEC1000，并在此基础上相继研制开发了 ATEC2000、ATEC3000、SCAMP 系列、SESAME 系列和 SESAR 系列产品，1991 年又研制出采用 VXI 总线和 SMART 标准的 ATEC6 和 SESAR3000 测试平台。美国从 20 世纪 80 年代中期开始，先后提出了通用自动测试设备(General Purpose ATE，GPATE)计划、综合测试设备系列计划、联合自动化支持系统、海军陆战队自动测试系统、模块化自动测试设备等。美国在 1999 年成立了 NxTest 工作组，基于"开放系统"设计思想研制开发出新一代军用测试系统(NxTest ATS)。我国航天测试系统初期主要是以手工操作为主的测试系统，从 20 世纪 80 年代开始转入以 GPIB 总线和 CAMAC 总线为主的半自动和自动测试系统，之后陆续引进了如太平洋 6000 自动测试系统、NEFF620 缓变参数测试系统、NEFF490 高速同步测试系统、Odyssey 多通道采集记录分析仪等专用自动测试系统。

BIT 技术发展于 20 世纪 70 年代，开始主要应用于航空电子业，而后迅速扩展至飞机、舰船、战车等诸多领域。为了减少机载设备维修时间、降低航班延误次数、减少航班营运费用，美国波音公司从 20 世纪 70 年代开始在客机设计中大量采用 BIT 技术，使波音客机的故障隔离时间和维修时间显著缩短，提高了飞机的出勤率和可靠度。此后，美国国防部率先制订了军用装备的 BIT 设计指南，统一了各种武器装备的 BIT 设计规范。

我国对 BIT 技术的研究始于 20 世纪 80 年代中期，并制定了行业规范《装备测试性大纲》(GJB 2547)。例如，国防科技大学在"九五"期间承担了有关智能 BIT 的国防预研课题，对智能 BIT 的理论和技术进行了较为深入的研究；中国航空研究院 611 所承担了原国防科工委技术 A 类课题"BIT 技术在非电子系统和设备中的应用研究"；中国航空工业总公司第 628 研究所也进行了"测试性及诊断技术的应用与发展"研究。

总的来说，目前自动测试系统正朝着模块化、系列化、标准化的方向发展，而在 BIT 技术方面，国内外目前主要是针对电子设备、机电设备和控制系统开展研究，尚未见到针对液体火箭发动机的相关研究成果。

综合前面的分析可见，发动机飞行前综合性能测试是确保发动机发射和飞行成功、完成既定任务的关键任务阶段。然而，液体火箭发动机是包含多种分系统级别、组件级别、元件级别的复杂系统，并具有特殊的使用环境，而且发动机点火发射前工作时间很短，对故障检测和隔离的准确性、实时性要求很高。因此，开展发动机飞行前综合性能测试关键技术的研究，不仅要求其能自动完成发动机功能和性能参数的测试与评价，而且能在必要时对故障进行隔离，提前暴露设计缺陷并消除隐患，有效地提高发动机乃至整个运载火箭推进系统的匹配性、兼容性和可靠性，具体包括以下几点。

(1)通过测试，检验发动机各系统的功能是否正常，系统之间是否匹配协调，电磁兼容性能是否良好。

(2)通过测试，检查发动机所有协调的技术性能指标是否符合要求，以决定发动机能否进入下一阶段的工作。

(3)通过测试，检查发动机的可靠性和安全性，以决定能否实施发射。

（4）通过测试，排除发动机的故障和隐患，确保发动机不带疑点上天。

10.2.2　发动机飞行前综合性能测试系统分析与设计

本节根据发动机的工作特点，对发动机在点火发射前在发射区的综合性能测试技术进行了分析和设计，并提出分两个阶段和步骤来研制发动机飞行前综合性能测试系统（Pre-Flight Integrated Performance Test System，PFIPTS）。

1. 研制发动机飞行前综合性能测试系统（GTS）

GTS 一般不受测试设备重量、体积、性能的限制，也不影响发动机和被测单元的可靠性。通过从外部提供对发动机被测单元任务相关的外部激励，并对其输出的响应进行测量、分析和评估，可实现对发动机飞行前功能、性能方面的基本测试（判断发动机运行状态和性能情况）和综合诊断（在不同子系统、元部件之间追踪引起失效的根本原因）功能。

发动机飞行前地面综合性能自动测试流程图如图 10-1 所示。

发动机飞行前地面综合性能自动测试系统，主要对时间串、各种幅值电压、绝缘电阻、频率等类型的信号进行测试。另外，系统还要提供电流激励以及电压激励。发动机飞行前地面综合性能自动测试系统主要由传感器、GTS 主机、信号激励产生模块、信号转接系统和总线接口等构成。图 10-2 为其结构原理图。

分布式测控模块就近安装到发动机附近，主要基于现有发动机测量传感器信号，并集成信号调理电路、A/D、D/A 转换电路、信号输出等组件完成信号检测、数据采集、数据通信等功能。

GTS 主机主要在内部集成各种测控模块，完成发动机测试数据的分析处理：一方面，接收并根据控制指令调整系统各个模块的工作参数，实现对各测控模块的测试逻辑控制；另一方面，实时接收并融合各类测控模块获取的各种关键信息，共同完成对发动机工作状态的监测、诊断与隔离。由于发动机地面综合测试控制逻辑复杂，属于闭环测试系统（系统的输出与输入量间存在反馈通道），而且各硬件模块中要产生

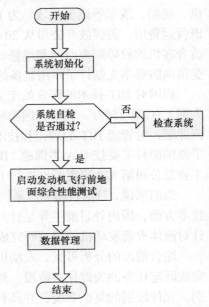

图 10-1　发动机飞行前地面综合性能
自动测试流程图

多种不同时序的数字信号，并且各个信号之间要有精确的时序配合，因此基于先进的现场可编程门阵列（Field Programmable Gate Arrays，FPGA）技术实现发动机测试的时序逻辑控制功能模块是一个有效的途径。该技术不仅可以并行实现各个功能模块，设计具有可预见性，而且可有效缩短开发周期，降低研制成本。

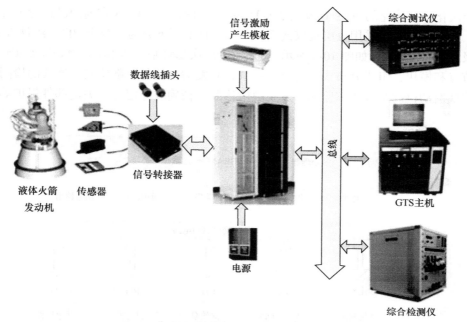

图 10-2　发动机飞行前地面综合性能自动测试系统结构原理图

总线接口用于在分布式测控模块、测控主机之间实现互联，以方便模块扩展。由于多个子系统通常包含多个嵌入式微控制器和传感器，有大量的信息需要共享和传递，因此，采用 CAN(Controller Area Network)、VXI(VME Bus Extension for Instrumentation)、PXI、LXI(LAN Extension for Instrumentation)等测试总线技术构建测试网络，实现发动机测控模块之间的互联和数据共享，是一种可行的方案。这样不仅将控制功能分散到各个智能节点，由各节点控制器把采集到的数据通过适配器发送到总线，或者向总线申请数据，而且将主机从原来繁重的底层设备监控任务中解放出来，进行更高层次的控制、优化协调和故障隔离等任务。

信号转接系统主要由通信电缆、转接机箱等构成。由于发动机被测信号众多，且大都通过电缆引出，因此，信号转接系统通过连接由通信电缆引出发动机各测量信号，然后通过将其在转接机箱中进行分类组合、规范布线后再与 GTS 主机相连。

2. 构建层次化、一体化的 ATS

BIT 是实现集成化与小型化的关键设计手段，具有快速检测、集成化，体积小，结构清晰，便于调试以及升级方便的特点。因此，层次化、一体化的 ATS 将融合 GTS 和 BIT 在发动机与被测单元(Unit Under Test，UUT)内部提供的自动化测试能力，共同完成发动机飞行前的综合性能测试(参数测量、数据处理、在线测试、状态检测、故障判断)、高级诊断(能够在部件失效前得知其性能变化情况，并对系统的运行状态、失效与故障模式有着准确的判断)以及预测与健康管理功能(能够主动预报子系统、元部件的运行状态和失效可能性，并且根据要求或实际情况进行维修预测，最大限度保障发动机安全、可靠完成任务)。

　　层次化、一体化的 ATS 具体包括 GTS 和 BIT 两部分。GTS 在前面已进行了分析和设计。发动机 BIT 将采用分层集成式组织结构，自上而下分为系统级 BIT、组件级 BIT、元件级 BIT 三个层次，如图 10-3 所示。上述每个层次都将基于 ARM 等微处理器实现 BIT 测试节点和模块，组成分布式综合测试系统，对发动机的各个部位实施连续的检测和监控，实现发动机的综合状态监测、复杂故障诊断、精确故障定位、关键部件保护等多种功能。

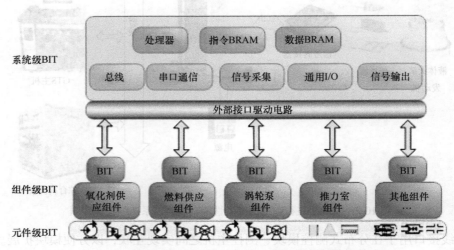

图 10-3　发动机飞行前综合性能机内测试系统结构原理图

　　元件级 BIT 实现发动机关键元件内部的自测试以及基于智能传感器技术的测试方法。
　　组件级 BIT 主要是通过设计组件级别的 BIT 接口模块，与系统级和元件级 BIT 通过测试总线实现互联。测试总线则综合元件级 BIT 较强的信息获取能力和系统级 BIT 强大的信息处理能力，对发动机各类组件实现内部的自测试。
　　系统级 BIT 包含智能控制单元(Intelligent Control Unit，ICU)，能够汇总各级 BIT 的测试信号，为发动机提供系统级的故障检测、定位和隔离能力。系统级 BIT 包含多个处理器模块，分别实现系统的控制、测试、环境感知、任务处理和故障诊断等工作。
　　测试时，系统在加电后将进行全面的自检、巡检，然后各设备按照主控计算机所要执行的任务剖面，从待机状态进入工作状态。各个 BIT 模块将执行预定的 BIT 测试功能。其中，系统 BIT 主控单元将利用系统资源，执行系统测试，并将各种检测结果根据系统要求上报给地面 GTS。一旦发动机发生故障，系统级 BIT 将从工作状态转入维护状态。启动系统维护 BIT 测试任务，用于在发现故障后进行故障隔离以及一系列维修测试。
　　BIT 测试需要设计相关的传感器或选择合适的测试点，并由测控处理器进行状态监测，因此，综合性能测试的研究内容将主要包括测试建模、智能设计、智能检测、智能诊断、智能决策。测试建模用于建立描述系统功能、故障与测试之间的逻辑关系及对测试资源的占用关系的测试模型；智能设计用于科学确定完整的参数体系，对性能指标提出明确要求，并确定测试设计的总体方案；智能检测用于准确采集和测量被测对象的各种信号和参数，并合理应用各种智能传感器，选择合适的软硬件设计方案，进行信号去噪和数据滤波处理，降低虚警；智能诊断用于利用信息融合等技术对多个测试点或多种测试手段取得的信息进行融合处理和故障诊断；智能决策用于设计相应的维护策略。智能设计和智能检测是测试的信息获取手段，而智能诊断和智能决策是测试的目的。

10.3　发动机飞行过程实时状态记录技术分析与设计

飞行参数记录仪(以下简称黑匣子)是一种实时记录、处理飞行器飞行过程中各种状态参数的高性能机载/箭载电子设备。其不仅能在飞行过程中实时调理、采集、记录各种用于监视飞行器飞行状态、各部件性能和使用情况的数据信息，而且能在飞行完毕回收后，将存储在记录介质上的全部数据下载和回放，重现飞行过程，分析飞行的各项性能参数。

目前运载火箭飞行过程中的状态监测主要是基于无线电数字遥测技术，其目的是更多地获取速度、位置、姿态等少量的飞行数据和内外部环境参数，而且具有体积庞大、需要地面遥测站或遥测船等额外设备、系统复杂度及成本高、数据保密性差等缺点。因此，开展液体火箭发动机飞行过程实时状态记录技术的分析与设计，对液体火箭发动机研制、试验和飞行都具有十分重要的工程实用价值。其一方面可以在发动机飞行过程出现异常或故障时，为分析和查找飞行任务失败的具体原因、快速定位故障、改进和修正设计和生产过程中的缺陷提供科学依据；另一方面，在发动机飞行正常时，其记录和保存的数据可为分析设计的合理性以及改进和优化设计提供重要指导。

10.3.1　研究现状分析

早期黑匣子主要是使用磁带机，直至 20 世纪 80 年代末和 90 年代初各航天大国才开始研究使用磁盘、磁光盘和固态记录器。磁盘和磁光盘比磁带机使用灵活方便，可以以文件方式随机存取，记录密度也比较高，但由于其与磁带机一样存在高速转动部件，因此直接影响到整个记录仪的可靠性。由于使用半导体存储芯片(常见的有 DRAM、SRAM、FLASHMemory、EPROM、EEPROM 等)作为存储介质，其存储密度高、无转动部件、可靠性高、体积小、重量轻，较早期的磁记录设备更适于应用在航天航空领域，因而逐渐成为飞行参数记录仪的主流方案。因此，自 20 世纪 90 年代初，各航天大国开始研制固态记录器(Solid State Recorder，SSR)。例如，TRW 公司为美国 NASA 的 CASSINI 航天器设计的大容量 DRAM 固态记录器，其存储容量为 2Gbit，每个存储模块为 4Mbit，输入或输出数据速率分别为 2Mbit/s。21 世纪初出现的第二代大容量固态记录器每个存储模块可达 2Gbit，输入或输出数据速率可达 20Mbit/s。尤其是近年来，FLASH Memory，即闪速存储器(简称闪存)作为一种新兴的半导体存储器件，以其存储密度高、数据非易失性、功耗小等独有的特点得到了迅猛发展。

我国对该技术的研究起步较晚，经历了从无到有的阶段。早期研制的黑匣子采用磁带为记录介质，记录参数较少。近年来也开始研究并应用基于闪存的固态记录器，但在读写速率、数据管理等许多关键技术的解决方案上仍不是很成熟。应用于"实践 4 号"

卫星的固态记录器采用了 SRAM 芯片，存储容量为 2Mbit。"实践 5 号"卫星采用的 SDRAM 固态记录器，其单片存储容量为 64Mbit，总容量达 512Mbit。此外，在"神舟"系列飞船、"双星探测"计划和"嫦娥一号"卫星中也均采用了固态大容量记录器，单个记录器模块容量达 2Gbit，最大容量已达 48Gbit。

总的来说，尽管我国在黑匣子研制方面取得了一定的进展，但整体指标与国际先进水平仍有不小的差距，这主要是由于我国半导体技术整体水平不高，核心技术受制于人，同时飞行器数据传输下行能力的限制，致使对数据记录在容量与速率方面的需求也并不是很高。目前尚未看到该技术在液体火箭发动机领域应用的相关研究成果。

综合前面的分析，发动机黑匣子的主要功能是对在发动机飞行过程中的各种参数进行实时记录，并在回收后，通过接口与计算机相连，把采集到的数据传输到计算机中进行分析，具体包括以下几种。

(1) 发动机点火发射的瞬间，黑匣子感应发动机的加速度，当超过设定值时触发黑匣子上各器件上电，即刻进行数据采集工作。

(2) 发动机飞行过程中，黑匣子采集和保存多路模拟信号及数字信号(并可根据需要扩展，总采集时间根据实际飞行任务确定)，之后黑匣子停止飞行参数采集工作，并启动天线呼叫模块，以方便地面工作人员寻找黑匣子。

(3) 在发动机爆炸及黑匣子坠地时，黑匣子外壳应能保护其内部电路部分不受损害，最低限度使黑匣子的数据存储单元仍能正常工作。

(4) 待黑匣子回收后，可通过高速总线接口与数据回收计算机通信，传输储存的数据，进行进一步的处理与分析。

同时，由于工作条件和环境的限制，黑匣子还要具有抗过载冲击、抗干扰、存储的数据掉电不丢失、体积微型化(自身的体积与重量不能影响发动机的飞行性能)、数据保密性强、点火发射瞬间即刻进行数据采集的零延迟启动等特点。

此外，由于发动机飞行过程中涡轮叶片、涡轮泵轴承与密封装置、推进剂输送导管、燃烧室壁及其冷却夹套、喷管喉部及其冷却夹套等结构件处于高温、高压、强腐蚀、强振动的极端热力-流体-机械工作环境，其故障具有发生频率高、发展速度快、影响大等特点。因此，发动机黑匣子还应针对上述发动机关键构件，具备相应的高速实时状态记录能力。

10.3.2　发动机飞行参数记录仪分析与设计

发动机黑匣子主要由辅助功能、系统控制、数据采集与存储和回收分析等功能模块组成，图 10-4 所示为发动机飞行参数记录仪结构原理图。

1. 辅助功能模块

辅助功能模块包括外壳保护、能源管理等部分。外壳保护用于保护黑匣子内部电路的完好和数据存储单元的完整性，并提供防水、防腐等功能。能源管理基于内部电源为整个黑匣子各芯片电路正常工作提供所需的稳定电压源，由热电池和各个电源转换芯片组成。在黑匣子内部电源方面，目前，锂电池成为其首选，其具有高能量比、高放电倍率等特点，适用于对电池性能、可靠性、安全性均要求较高的场合。在黑匣子电源转换方面，由于在数据采集时，黑匣子中的能量都来源于自身携带的锂电池，电池的输出电压值不但与部分芯片的要求不同，且会随着能量的消耗逐渐降低，所以需要电源管理芯片根据不同芯片的需求，提供不同压值的电源，并保证该电源的稳定性；而在数据回放时，黑匣子可通过预留接口，直接由外部电源供电。

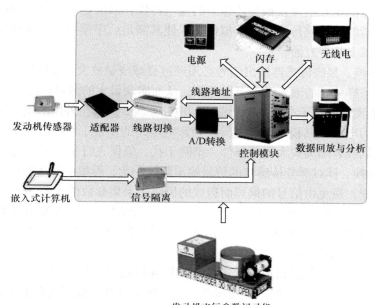

图 10-4　发动机飞行参数记录仪结构原理图

2. 系统控制模块

系统控制模块是整个黑匣子的控制中心，在发动机点火发射的瞬间被触发开始运行，协调、控制其他组成部分共同完成发动机飞行参数的采集、保存和回放任务。具体分为飞行和回收分析两种工作模式。

在飞行模式下，该模块启动、协调和控制数据采集与存储、能源管理等功能模块共同完成数据的采集保存任务；飞行结束后，该模块终止数据采集保存任务，同时启动天线呼叫功能，直至黑匣子被回收或电池能源耗尽。

在回收分析模式下，该模块接收外部计算机的各种请求，完成数据读取、与外部计算机的数据传输、数据等功能。

3. 数据采集与存储模块

数据采集与存储是该系统的核心功能模块，包括数据存储单元和数据采集单元两大部分。

数据存储单元用于保存采集的参数数据，除了应满足数据实时写入和安全存储的要求以外，数据存储单元的容量还应满足运载火箭多台发动机信号实时存储的需求，并可实现黑匣子系统的未来升级扩展。目前闪速存储器 Flash Rom 以其极高的存储单元密度、很快的数据写入和擦除速度已在黑匣子数据存储方面体现出明显的优势。

数据采集单元主要完成电平转换、阻抗变换、信号隔离及滤波和 A/D 转换等常规的电信号采集与处理操作，包括模拟信号适配单元、模拟信号采集单元和数字信号通信单元等。

模拟信号适配单元主要根据各传感器的输出特性，采取电平转换、阻抗变换、信号隔离及滤波等措施，调整待采集的模拟信号，使其满足后序模拟信号采样单元的输入条件，具体包括以下几个方面。

(1) 电平转换。某些传感器输出信号必须经过衰减或是放大，使信号的最大动态电压范围匹配后续采样单元的输入动态电压范围，从而实现最大的测量精度。

(2) 信号隔离。黑匣子本身是一个独立的电路系统，当其与外围的电路系统进行信号传输时，两者的电位或共模电压的差异将会影响电路的正常工作。因此需要在信号传输通道中添加光耦或者隔离放大器等器件，消除干扰，确保飞行参数采集的精确性。

(3) 阻抗变换。针对部分传感器的信号输出阻抗很大，模拟信号适配单元需进行相应的阻抗变换处理，避免由信号的偏离而造成的黑匣子采集参数的误差。

(4) 滤波。滤波是用于消除混入被测信号中的干扰信号。一般采取在模拟信号采集单元之前添加低通滤波器消除噪声，但对诸如振动等快速变化的信号中则需要添加抗混滤波器，以保留某些高频信号。

模拟信号采集单元包括模拟信号多路开关和 A/D 转换芯片等部分。

(1) 模拟信号多路开关。模拟信号多路开关采用多路开关按照数据采集频率，轮流切换各路信号，实现多路模拟信号的转换和采集。

(2) A/D 转换芯片。A/D 转换芯片将输入的连续变换的模拟信号进行采样保持，并基于一定的采集频率、精度转换为数字信号，并输出至核心控制单元以待进一步的操作。

数字信号通信单元基于通信双方相同的通信协议(硬件连线、传输速率、帧结构、加密解密方式等)，完成数字信号的采集、数据回放的传输功能。数据采集时，数字信号通信单元用于接收箭载计算机输出的各种数字信号；而在数据回放时，将黑匣子记录的飞行参数数据传输至外部计算机。

同时，数据采集单元还应具有与先进测量传感技术相结合的集成接口，如结合羽流光谱和光纤光栅等全局状态覆盖性好、适应发动机关键构件极端恶劣环境的先进测量传感器，以实现对其关键构件的实时状态采集与记录。

4. 回收分析模块

回收分析模块包括天线呼叫、数据回放和数据分析等部分。

天线呼叫用于黑匣子回收搜索时通过通信天线发出信号。

数据回放用于解密和还原系统采集保存的数据，并在回放时，通过预留接口使用外部电源供电。由于数据采集单元采集到的各种数据都是以电压的形式表示的，它们虽然含有被采集的物理量变化规律的信息，但没有明确的物理意义，因此，必须根据其来源解密数据并还原成其对应的实际物理量，生成各飞行参数随时间变化的值和各种曲线，以进行性能状态的深入分析。

数据分析主要是基于回放的数据对发动机飞行过程中的状态进行分析和诊断。但对于集成了羽流光谱和光纤光栅等先进测量传感器，实现了发动机关键部件状态测量与记录的黑匣子而言，其数据分析还应包括在对测量数据滤波处理的基础上，完成发动机结构和羽流光谱的数据分析功能，如基于振动信号分析或结构断裂损伤等信号分析和智能识别技术，评估判断发动机的结构损伤状态等。

10.4 发动机飞行后内窥无损结构检测技术分析与设计

内窥检测技术通过光学手段准确地观察到密封物体内表面的状况，将其光学图像传导出来进行结构损伤的检测、诊断与评估。内窥检测技术具有检测直观、效率高、费用低、检测信号易于获取等特点，同时，检测过程中无须拆卸、分解目标对象，不对系统结构造成任何破坏或损伤。因此，作为无损结构检测的一种重要方法，内窥检测技术在复杂动力、机械等系统得到了广泛的应用，如航空发动机领域。然而，与此形成鲜明对照的是，目前尚未看到该技术在火箭发动机领域应用的相关研究成果。

发动机的密封式结构特点决定了内窥检测技术在其故障检测与诊断中的重要地位，尤其是发动机涡轮叶片、喷嘴、燃烧室等关键部件，都是不易拆卸的，且它们的检验可达性较差。因此，随着当前远距离图像获取设备和远距离可视监测(Remote Visual Inspection，RVI)技术的发展，针对发动机关键部件开展其内部区域结构损伤的内窥检测与识别技术研究，不仅对降低发动机维修费用和成本、增加发动机使用寿命、保证发动机的正常安全使用具有重要的意义和价值，而且可广泛应用于发动机的定期检查、突发事件以及飞行后的检测和状态监控等。为此，本节将对液体火箭发动机内窥无损结构检测技术进行分析和设计，从而为我国未来可重复使用液体火箭发动机飞行后关键构件的结构损伤检测与识别提供一种新的手段。

10.4.1 研究现状分析

内窥检测技术的发展已有很长的历史。1921 年，以色列人 Crampton 研制出世界上第一台工业硬杆式内窥镜，用于对蒸汽涡轮转子进行裂缝检查。但是，由于无法弯曲、探测距离短和设备笨重等，硬杆式内窥镜一直难以满足实际应用需求，只能用于一些距离短、直线型内腔的检测工作中。

近年来，研究者们将传统的内窥检测与先进的计算机技术相结合，开发出许多新型的内窥检测产品。新型内窥系统大都采用视频成像，清晰度有了很大的提高，同时视距加大，内窥探头更小，操作灵活性更高，而且可以进行目标区域的三维测量。其中最具代表性的为日本 OLYPUS 公司生产的内窥系统和美国韦林公司生产的可测量型航空专用内窥系统等。

日本 OLYPUS 公司开发的 IV6C6 系列和 IV8C6 系列内窥测量系统，采用了日本在微机械控制、光学制造、电子制造等方面的先进技术，其探头外径最小达到了 6mm，并且可利用操纵手柄方便快捷地进行探头的方向操纵。同时，该系统通过采用双 CCD 模仿人类的视觉系统功能，并基于立体视觉的三角测量原理和视频显示系统，实现了内窥图像在监视器中的清晰显示和深度测量计算功能。

美国韦林公司生产的可测量型航空专用视频内窥系统(最新型为 PXL 系列)，实现了便携式手持和数字化，并已经获得美国 P&W 发动机公司、GE 发动机公司、CFMI 发动机公司等多家航空发动机厂家的核准推荐证书。其中 PXLM620A 可测量型内窥系统采用挠性探头，最小外径 6.1mm，探头端部可进行 360°全方位导向。与 OLYPUS 的内窥系统相比，PXLM620A 内窥系统成像分辨率、清晰度更高，工作距离更长。同时，该系统还提供了 7 种可更换的观察物镜转接头，提供不同的视向、视野、焦距及放大倍数，且其内置的 32 位微处理器还具有定时观察、数字成像、存储、处理和测量等功能。然而，需要指出的是，直至目前，我国国内在光学制造和 CCD 制造等方面的技术水平还难以满足发动机内窥检测的要求。

发动机内窥检测的具体目标为：确定损伤的发生部位、具体类型、大小尺寸，评估损伤的严重程度等。然而，目前内窥检测系统存在诸多局限，使得其结果的可靠性难以保障，直接影响到损伤评估的正确性。主要包括以下几个方面。

(1)探头伸入过程操作复杂，经常会由于伸入时操作不当而发生方向错位、失去目标等，抽出时既会损伤内窥探头及管身，也会损伤发动机叶片等内部部件。

(2)检测工作主要靠工作人员直接目视，从而导致检测中的误判、漏检等人为失误。

(3)无法对内部损伤状况进行立体显示和自动评估，特别是由于发动机内部光线暗，给某些缺陷或损伤的类型判断带来困难，定量评估的准确度低。

综合前面的分析可见，发动机内窥检测技术的研究应遵循以下要求。

(1)自动化。自动化有两种方式。一种是无线遥控式，从而避免受到传导线长度、质量等因素的限制，图像通过无线方式传送；另外一种是有线式，如采用蛇形机器人等实现探头自动寻的，而无须人为操纵，减少对操作人员的经验要求并避免对仪器的损坏。

(2)立体显示。立体显示是指发动机内部结构复杂，不易直接从二维图像判断出具体的损伤形貌，因此需要对损伤进行立体重建，实现对发动机内窥损伤的场景重建与动态显示。

(3)原位内窥维修。原位内窥维修即在内窥检测的同时实现发动机的现场快速抢修，从而能够极大节约时间和成本。目前，韦林公司的 PXL 系列内窥系统其镜头部分已经附有微型机械手等设备，能够初步实现发动机内的小碎片抓取和清理等功能。

(4)专家化。专家化是指采用模式识别、机器学习、神经网络以及专家系统等方法对内窥图像进行全方位的自动分析处理，并做出有效评估。

10.4.2 发动机飞行后内窥检测系统分析与设计

可重复使用液体火箭发动机飞行后关键构件结构损伤的内窥检测与诊断系统(以下简称发动机内窥检测系统)主要包括图像获取和损伤检测与识别两部分。图像获取部分主要用于获取发动机内部关键构件结构的光学图像。损伤检测与识别部分则基于图像处理等技术实现发动机内部关键构件结构的损伤检测与识别。

图像获取部分的主要组成包括：内窥探头、图像传感器、可视化交互控制部分等。

　　内窥探头的功能是在用户指令的控制下，基于光学成像技术从不同的角度拍摄和传输发动机内部结构的高清晰度图像。由于内窥探头需要进入发动机结构内部进行图像采集以及检测时有限的现场使用和操作空间，要求包括内窥探头在内的整个发动机内窥检测系统具有体积小、重量轻、携带操作方便的特点，因此一般应基于一体化的嵌入式集成设计。

　　内窥探头主要由光学镜头、照明系统等组成。光学镜头位于最前端，要求具有大视场、短焦距、大相对孔径和高分辨率等特点。由于发动机内部结构没有自然光照明，因此照明系统主要用于实现对发动机结构的均匀光照度，而且要求光源的尺寸要小，使用寿命要长。目前 LED 光源因灵活的外形设计、使用寿命长、响应时间短等优点成为其首选。此外，发动机内部结构一般为金属材料，具有一定反光性，因此光源亮度应具有自动调节功能，有效消除反射白斑。

　　图像传感器用于将光信号转化成电信号，要求其具有图像分辨率高、功耗低、集成度高和准确的彩色再现能力。高集成度可将光敏单元阵列、控制与驱动电路、模拟信号处理、数字图像处理等功能高度集成在一块芯片上，有利于整个系统的一体化嵌入式集成设计。准确的彩色再现能力可有效减少在识别发动机内部结构烧蚀程度、涂层剥落等缺陷时，由色彩还原不好造成误判的可能性。

　　可视化交互控制部分主要由控制部、液晶显示屏和嵌入式处理器等构成。由于其为后置的用户使用装置，因此应实现一体化集成和整体组装，从而方便使用。

　　控制部除了实现对探头的精确导向外，还应具有对探头全方位 360°旋转的实时准确控制功能，有效实现对容腔、容器内部四周情况的检测时，避免探头频繁地插入和轴向旋转操作。

　　液晶显示屏除了清晰地显示发动机内部结构的图像信息以及探头上集成传感器的相应信息以外，探头的控制、菜单的操作可通过屏幕的触摸完成，应具有较大的显示尺寸和较高的分辨率。

　　嵌入式处理器是整个发动机内窥检测系统的中央控制机构，除了应具有高性能的计算能力和低功耗以外，还应具有丰富的外围接口，如与探头、图像传感器、液晶显示屏等的交互控制接口等。同时，还应提供内置的方式实现数据的本地实时存储和外置网络接口实现数据的转移存储与深入分析等功能。

　　损伤检测与识别部分用于对采集的图像信号进行分析和处理。但由于发动机工作条件及内部结构环境的特殊性，其内窥图像具有背景复杂、图像整体偏暗、对比度差、清晰度不高等特点。另外，由于发动机工作在高温、高压、高转速的恶劣条件下，大量灰尘颗粒在内窥图像上不可避免地产生大量随机噪声。因此，发动机内窥图像的检测识别应采用包括图像对比度增强、平滑、锐化、滤波等的技术以有效消除图像噪声，提高图像的清晰度，包括经典的噪声门限法、邻域平均法、中值滤波以及新的图像处理技术，如小波分析、数学形态学等。

　　结合前面的分析，发动机内窥检测系统可按如下几个步骤和阶段发展。

　　第一阶段：采用硬管+光纤的方式，前置内窥探头只包含物镜实现光学成像，图像传感器和可视化交互控制部分则全部集成于后置处理装置中，前置探头和后置处理装置之间通过光纤传递光信号。探头采用硬管插入的方式进入发动机内部结构。随着光导技术的发展，光学镜头已经越来越细(最小直径大约仅为 0.5mm)，图像质量也有了很大的提高，因此，对于燃烧室、喷管等发动机外露结构件的内窥检测，该方式通过在台架上固定一个内窥硬管，不仅简单、方便、快捷，而且成本也相对较低。

第二阶段：随着嵌入式硬件集成技术的发展和硬件成本的下降，采用将光学物镜和图像传感器集成为前置内窥探头的方式，前置探头与后置处理装置通过电缆进行信号传输，并基于双镜头立体成像等技术，实现发动机内部结构缺陷的三维立体精确测量。该方式图像分辨率较高，而且探头在电机的驱动下可实现 360°全方位电动导向弯曲功能，可用于发动机涡轮泵涡轮叶片、密封件等复杂结构的损伤检测与识别。但其成本也相对较高，一般在第一种方式价格的十倍左右，而且目前其尺寸比第一种方式要大一些(最小直径为 3.9mm)。

第三阶段：将探头、图像或其他先进的传感器全部集成在一个微小的胶囊内。其控制采用自动的方式，一种为无线遥控式，避免受到图像传输导线长度、质量、折损、弯曲等因素的限制；另一种为采用蛇形等微小型机器人的有线或无线控制方式，探头在发动机结构内部自动寻的，避免人为操作失误对探头等的破坏。该方式目前已经开展了许多前瞻性的研究，如目前日本已开发出世界上最小、最先进的医学内窥胶囊(直径 9mm，长 23mm)、基于网络实现远距离控制等。

在发动机结构的损伤检测与识别方面，内窥检测虽然方便直观，但单一的内窥检测无法满足发动机内部某些关键部位的检测要求，因为其无法检测非表面、微小缺陷和微细裂纹，对裂纹的深度更是无法判定。因此，将内窥与其他先进检测技术有机集成，实现优势互补，将有效提高发动机内部结构内窥检测的准确性。具体可包括两个方面：一是传感器的集成，即通过将内窥探头和涡流、超声等非视觉的传感器有机结合在一起形成集成化检测探头，实现对发动机内部结构损伤更深入的检测和识别；二是信息的集成，由于单一传感器获得的仅是发动机内部结构局部、片面的信息，而且每个传感器还受到自身品质、性能及噪声的影响，采集到的信息往往是有限且不完善的，因此把多传感器的检测数据有机结合在一起，实现信息的融合和综合判定，不仅可以提高发动机内部结构内窥检测的准确性，而且可实现对损伤或缺陷特征的全面、一致估计。

图 10-5 给出了发动机飞行后关键构件内窥检测系统硬件结构原理图。

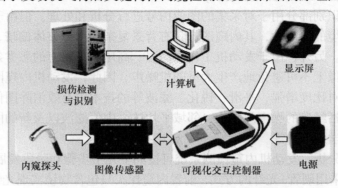

图 10-5   发动机飞行后内窥检测系统硬件结构原理图

参 考 文 献

蔡开龙, 谢寿生, 吴勇, 2007. 航空发动机的模糊故障诊断方法研究[J]. 航空动力学报, 22(5): 833-837.

陈启智, 1993. 液体火箭发动机控制与动态特性理论[M]. 长沙: 国防科技大学出版社.

陈启智, 2003. 液体火箭发动机故障检测与诊断研究的若干进展[J]. 宇航学报, 24(1): 1-10.

程谋森, 2000. 液氢液氧发动机预冷与起动过程模型及 PVM 仿真研究[D]. 长沙: 国防科技大学.

程玉强, 2009. 可重复使用液体火箭发动机关键部件损伤动力学与减损控制方法研究[D]. 长沙: 国防科技大学.

崔定军, 1995. 液体火箭发动机功能监测与故障诊断算法研究[D]. 北京: 北京航空航天大学.

樊久铭, 2005. 半定性方法在液体火箭发动机故障检测和隔离中的应用[D]. 哈尔滨: 哈尔滨工业大学.

樊久铭, 王秋生, 邹经湘, 等, 2006. 模态区间在液体火箭发动机故障诊断中的应用[J]. 哈尔滨工业大学学报, (9): 1406-1409.

顾田伟, 2008. 小型化无人机飞行参数记录仪的研制[D]. 南京: 南京航空航天大学.

郭小凤, 2008. 基于 PCA-SVM 的液体火箭发动机试验台故障诊断算法研究[D]. 哈尔滨: 哈尔滨工业大学.

洪波, 唐庆玉, 杨福生, 等, 2000. ICA 在视觉诱发电位的少次提取与波形分析中的应用[J]. 中国生物医学工程学报, (3): 334-341.

后鹏, 2009. 飞行器小型黑匣子硬件模块的研究[D]. 上海: 上海交通大学.

胡海峰, 2004. 液体火箭发动机涡轮泵健康监控系统及数据管理研究[D]. 长沙: 国防科技大学.

黄敏超, 1998. 液体火箭发动机故障的神经网络诊断研究[D]. 长沙: 国防科技大学.

黄敏超, 吴建军, 陈启智, 1997. 模糊超体神经网络及其在火箭发动机故障分离中的应用[J]. 航空动力学报, 12(1): 109-110.

黄强, 2012. 高压补燃液氧煤油发动机故障检测与诊断技术研究[D]. 长沙: 国防科技大学.

黄强, 刘洪刚, 吴建军, 2012. 液体火箭发动机传感器故障检测与数据恢复算法研究[J]. 航天控制, 30(4): 73-76.

黄卫东, 1995. 液体火箭发动机定性和定量故障诊断方法研究[D]. 长沙: 国防科技大学.

李广武, 2007. 航天动力试验故障诊断技术研究[D]. 长沙: 国防科技大学.

李吉成, 2015. 液氧甲烷发动机故障检测与隔离方法研究[D]. 长沙: 国防科技大学.

李璐伟, 2009. 基于规则摄动新度量方法的模糊推理鲁棒性研究[D]. 长沙: 长沙理工大学.

李艳军, 2014. 新一代大推力液体火箭发动机故障检测与诊断关键技术研究[D]. 长沙: 国防科技大学.

廖少英, 2007. 液体火箭推进增压输送系统[M]. 北京: 国防工业出版社.

刘冰, 1999. 液体火箭发动机智能化故障诊断与健康评估系统研究[D]. 长沙: 国防科技大学.

刘洪刚, 2002. 液体火箭发动机智能故障诊断理论与策略研究[D]. 长沙: 国防科技大学.

刘昆, 1999. 分级燃烧循环液氧/液氢发动机系统分布参数模型与通用仿真研究[D]. 长沙: 国防科技大学.

刘鑫蕊, 2010. 基于模糊模型的非线性互联大系统的 H∞控制研究[D]. 沈阳: 东北大学.

马彦强, 2006. 液体火箭发动机试车台故障诊断专家系统的开发[D]. 哈尔滨: 哈尔滨工业大学.

聂侥, 2017. 基于过程神经网络的液体火箭发动机故障预测方法研究[D]. 长沙: 国防科技大学.

任海峰, 胡小平, 魏鹏飞, 2004. 独立分量分析在液体火箭发动机故障检测中的应用[J]. 国防科技大学学报, 26(1): 13-16.

孙宏明, 2006. 液氧/甲烷发动机评述[J]. 火箭推进, 32(2): 23-31.

孙增国, 2004. 神经网络和模糊专家系统在故障诊断中的应用[D]. 大连: 大连理工大学.

田武刚, 2009. 航空发动机关键构件内窥涡流集成化原位无损检测技术研究[D]. 长沙: 国防科技大学.

王建波, 2000. 液体火箭发动机泄漏故障机理及检测方法的研究[D]. 哈尔滨: 哈尔滨工业大学.

王鑫, 2008. 载人磁悬浮车悬浮控制策略与控制方法的研究[D]. 沈阳: 沈阳工业大学.

王志颖, 2011. 复杂装备智能机内测试技术研究[D]. 成都: 电子科技大学.

魏秀业, 2009. 基于粒子群优化的齿轮箱智能故障诊断研究[D]. 太原: 中北大学.

吴建军, 1995. 液体火箭发动机故障检测与诊断研究[D]. 长沙: 国防科技大学.

夏鲁瑞, 2010. 液体火箭发动机涡轮泵健康监控关键技术及系统研究[D]. 长沙: 国防科技大学.

谢光军, 2006. 液体火箭发动机涡轮泵实时故障检测技术及系统研究[D]. 长沙: 国防科技大学.

谢光军, 胡茑庆, 温熙森, 等, 2005. 涡轮泵实时故障检测的短数据均值自适应阈值算法[J]. 推进技术, 26(3): 202-205.

谢涛, 张育林, 1998. 基于模糊熵与方向相似度的液体火箭发动机故障检测[J]. 国防科技大学学报, 20(4): 15-19.

谢廷峰, 2008. 液体火箭发动机健康监控关键技术研究[D]. 长沙: 国防科技大学.

谢廷峰, 刘洪刚, 丁伟程, 等, 2005. 液体火箭发动机基于 ATA 算法的实时故障检测与报警系统实现[J]. 火箭推进, (6): 19-22.

谢廷峰, 刘洪刚, 黄强, 等, 2008. 液体火箭发动机地面试车实时故障检测算法[J]. 航天控制, (1): 74-78.

闫晓燕, 2008. 复杂环境激励下时变系统模态参数辨识方法研究[D]. 南京: 南京航空航天大学.

晏政, 2013. 航天器推进系统基于定性模型的故障诊断方法研究[D]. 长沙: 国防科技大学.

杨尔辅, 张振鹏, 崔定军, 1999. 液发推力室和涡轮泵故障检测与诊断技术研究[J]. 北京航空航天大学学报, 25(5): 619-622.

杨健维, 2008. 基于模糊 Petri 网的电网故障诊断方法研究[D]. 成都: 西南交通大学.

杨晋朝, 2008. 基于遗传算法的液体火箭发动机故障检测与诊断研究[D]. 长沙: 国防科技大学.

杨思锋, 董文华, 朱恒伟, 1997. 液体火箭发动机地面试验状态监控系统研究[J]. 推进技术, 18(1): 47-52.

张育林, 李东旭, 1997. 动态系统故障诊断理论与应用[M]. 长沙: 国防科技大学出版社.

张育林, 吴建军, 朱恒伟, 等, 1998. 液体火箭发动机健康监控技术[M]. 长沙: 国防科技大学出版社.

张泽, 2010. 基于模糊聚类神经网络的锅炉过热器故障诊断研究[D]. 秦皇岛: 燕山大学.

郑威, 2002. 液体火箭发动机基于定性模型的故障诊断方法研究[D]. 长沙: 国防科技大学.

周卫东, 贾磊, 李英远, 2002. 一种独立分量分析的迭代算法和实验结果[J]. 生物物理学报, (1): 57-60.

朱凤宇, 2014. 液体火箭发动机试车台健康管理关键技术研究[D]. 哈尔滨: 哈尔滨工业大学.

朱恒伟, 1997. 液体推进剂火箭发动机地面试车故障检测与诊断研究[D]. 长沙: 国防科技大学.

朱恒伟, 王克昌, 陈启智, 1998. 液体火箭发动机地面试车故障检测的自适应相关方法[J]. 导弹与航天运载技术, (3): 3-5.

朱恒伟, 王克昌, 陈启智, 2000. 液体火箭发动机地面试车故障检测的自适应阈值算法[J]. 推进技术, (1): 2-5.

朱岩, 2006. 基于闪存的星载高速大容量存储技术的研究[D]. 北京: 中国科学院研究生院(空间科学与应用研究中心).

诸力群, 2007. 网络实现矩形天线近场到远场的变换[D]. 南京: 东南大学.

JOENTGEN A, MIKENINA L, WEBER R, et al, 1999. Automatic fault detection in gearboxes by dynamic fuzzy data analysis[J]. Fuzzy Sets and Systems, 105: 123-132.